ENTOMOLOGISCHE ABHANDLUNGEN

Herausgegeben vom

STAATLICHEN MUSEUM FÜR TIERKUNDE IN DRESDEN

In Kommission

AKADEMISCHE VERLAGSGESELLSCHAFT GEEST & PORTIG K.-G.

LEIPZIG

Staatliches Museum für Tierkunde in Dresden
DDR – 801 Dresden, Augustusstraße 2

ABHANDLUNGEN UND BERICHTE AUS DEM STAATLICHEN MUSEUM FÜR TIERKUNDE IN DRESDEN

Hinweise für unsere Autoren

Die Publikationen des Staatlichen Museums für Tierkunde in Dresden dienen der Veröffentlichung von Arbeiten aus dem Museum sowie solchen, die ganz oder teilweise Material des Museums behandeln oder über Materialien berichten, von denen Belegstücke in die Sammlung des Museums kommen.

Die Arbeiten sollen eine Thematik aus den Wissensgebieten Taxonomie, Phylogenie, Evolution, Morphologie, Anatomie, Biologie, Ökologie, Faunistik, Zoogeographie sowie den fachbezogenen Museumswissenschaften beinhalten. Arbeiten anderer Wissensgebiete sowie biographisch oder methodisch orientierte Arbeiten können aufgenommen werden, sofern sie zur Kenntnis der genannten Gebiete beitragen. Es werden nur Originalarbeiten veröffentlicht, die weder ganz noch teilweise bereits an anderer Stelle erschienen sind. Publikationen über Tiermaterial vom Gebiet der Deutschen Demokratischen Republik werden vorrangig behandelt.

Für Inhalt, sprachliche Gestaltung sowie Beachtung einer eventuellen Veröffentlichungsgenehmigung ihrer Arbeiten sind die Autoren selbst verantwortlich. Eine redaktionelle Bearbeitung der Manuskripte behält sich der Herausgeber vor. Die Autoren erhalten eine Eingangsbestätigung oder umfassendere Nachricht über die eingesandten Manuskripte. Nach Veröffentlichung ihrer Arbeiten erhalten die Autoren unentgeltlich 100 Sonderdrucke zugesandt; bei Veröffentlichungen, welche mehr als 200 Seiten umfassen, nur 50 Sonderdrucke. Von in den „Faunistischen Abhandlungen" erscheinenden Kurzmitteilungen werden 10 Belegexemplare ausgegeben. Diese Zahlen können aus technischen Gründen auch bei Veröffentlichungen von zwei oder mehr Autoren nicht erhöht werden.

Die Manuskripte können in deutscher, englischer oder französischer Sprache abgefaßt sein. Jede Arbeit (ausgenommen die für die „Reichenbachia" vorgesehenen Veröffentlichungen) muß eine kurze Zusammenfassung in der zur Abfassung des Manuskriptes verwendeten Sprache enthalten. Diese Zusammenfassung wird einschließlich des Titels der Arbeit bei deutschsprachigen Manuskripten in das Englische, bei fremdsprachigen Manuskripten in das Deutsche übertragen. Es ist erwünscht, daß die Autoren diese Übertragung selbst vornehmen.

Eine Rezension eingesandter Monographien wird auf Wunsch gern vorgenommen.

Spezielle Richtlinien über Manuskriptgestaltung, Ausführung der Illustrationen und Korrekturgang der Publikationen können auf Anforderung vom Herausgeber bezogen werden.

ENTOMOLOGISCHE ABHANDLUNGEN

Herausgegeben vom

STAATLICHEN MUSEUM FÜR TIERKUNDE IN DRESDEN

Band 41 Supplement
1977

W. Heinz Muche:

Die Blattwespen Mitteleuropas. Die Gattungen Nematinus Rohw., Euura Newm. und Croesus Leach (Nematinae) sowie Heterarthrus Steph. (Heterarthrinae) (Hymenoptera, Nematinae et Heterarthrinae)

Die Argidae von Europa, Vorderasien und Nordafrika (mit Ausnahme der Gattung Aprosthema) (Hymenoptera, Symphyta)

In Kommission
AKADEMISCHE VERLAGSGESELLSCHAFT GEEST & PORTIG K.-G.
LEIPZIG

Inhalt:

Neue Namen, Synonyme und Kombinationen

Tenthredinidae

Phyllotoma aceris KALTENBACH, 1874, syn. n. zu *Heterarthrus aceris* (McLACHLAN, 1867): p. 17

Argidae

Arge melanchroa nigritarsis (KLUG, 1834), stat. n.: p. 41
Arge pyrenaica carinifrons ENSLIN, 1917, stat. n.: p. 31
Arge pyrenaica luteola ssp. n.: p. 31

Entom. Abh. Mus. Tierk. Dresden Band 41 Supplement 1977

Staatliches Museum für Tierkunde, DDR – 801 Dresden, Augustusstraße 2

Verantwortlicher Redakteur: Dr. RAINER EMMRICH

Genehmigt: Ministerrat der Deutschen Demokratischen Republik, Ministerium für Kultur, unter Nr. 105/18/77

Klischees: Graphischer Großbetrieb „Völkerfreundschaft" Dresden

Satz und Druck: Graph. Werkstätten Zittau, BT VII III-28-2 Oberlausitzdruck Großschönau

ENTOMOLOGISCHE ABHANDLUNGEN

STAATLICHES MUSEUM FÜR TIERKUNDE IN DRESDEN

Band 41 Ausgegeben: 12. September 1977 Supplement

Die Blattwespen Mitteleuropas Die Gattungen Nematinus ROHW., Euura NEWM. und Croesus LEACH (Nematinae) sowie Heterarthrus STEPH. (Heterarthrinae)

(Hymenoptera, Nematinae et Heterarthrinae)

(NEMATINAE, 4. Teil, und HETERARTHRINAE) [1])

Mit 31 Figuren

W. HEINZ MUCHE

Radeberg

Nematinus ROHWER

ROHWER, 1911: U. S. Dept. Agricult., Techn. Ser., Washington, 20, p. 99.
Nematus JURINE, 1807: Nouv. Méth. Class. Hymén., in part.

Eine kleine Gattung mit nur 5 Arten in Europa.

Die morphologischen Gattungsmerkmale sind nicht einheitlich, da die Gattung *Nematinus* mit der Gattung *Nematus* nahe verwandt ist. Bei den weiblichen Tieren ist die Sägescheide in der Aufsicht breit, entweder blasenförmig oder an der Basis doppelt so breit wie die Hinterschienenspitze, nach der stumpfen Spitze verjüngt. Die Cerci sind sehr lang und überragen die Sägescheidenspitze. Der Körperbau ist robust, meist von brauner Färbung. Im Vorderflügel ist das Stigma hell, meist mit dunkler Basis.

In Zweifelsfällen ist *Nematinus* leicht durch die beim ♀ sehr stark chitinisierte Sägevalve oder beim ♂ durch die Form der Penisvalve zu erkennen.

Bestimmungstabelle der ♀♀

1	Sägescheide breit, siehe Fig. 2, 3, 4.	2
—	Sägescheide mit stumpfer Spitze, siehe Fig. 1.	4

[1]) Die vorhergehenden Teile erschienen wie folgt:
Nematinae, 1. Teil: Entom. Abh. Mus. Tierk. Dresden, Bd. 36, Supplement 1967–1970 (1970), pp. 157–214.
Nematinae, 2. Teil: Deut. Ent. Z., N. F., Bd. 21, 1974, H. I–III, pp. 1–137.
Nematinae, 3. Teil: Entom. Abh. Mus. Tierk. Dresden, Bd. 40, Supplement II, 1975, pp. 1–53.

2 (1) Vorderflügel klar oder leicht gelblich. 3
— Vorderflügel an der Basis geschwärzt. **abdominalis** (PANZER)

3 (2) Geäder einschließlich Subcosta an der Basis heller als in der Mitte des Vorderflügels. **willigkiae** STEIN
— Subcosta und Geäder des Vorderflügels auch an der Basis dunkel. **luteus** (PANZER)

4 (1) Sägevalve an den Segmenträndern keine Querschuppen bzw. Zackenbildung; Basaltergite des Abdomen mit querer, lederartiger Skulptur. **caledonicus** (CAMERON)
— Sägevalve an den Rändern der Segmente mit Querschuppen; Basaltergite des Abdomen glatt und glänzend. **acuminatus** (THOMSON)

Die ♂♂ der *Nematinus* trennen sich am leichtesten durch die Form der Penisvalven, siehe Fig. 9–16.

Nematinus luteus (PANZER)

Tenthredo lutea PANZER, 1805: Fauna Ins. Germ., Bd. 8, p. 90; *bilineata* KLUG, 1819: Zool. Mag., Vol. 2, p. 86; *Nematus klugi* DAHLBOM, 1835: Consp. Tenthred. Scand., p. 8; *dorsalis* STEPHENS, 1835: Brit. Ent. Mandib., Vol. 7, p. 29; *luteus* THOMSON, 1859: Öfvers. Svensk. Vet. Ak. Förh., Bd. 19, p. 632; var. *trimaculatus* CAMERON, 1874: Proc. Nat. Hist. Soc. Glasgow, Vol. 2, p. 259; *ruficapillus* CAMERON, 1885: Mon. Brit. Phyt. Hym., Vol. 2, p. 158; var. *virilis* ENSLIN, 1915: Beih. Deut. Ent. Z., p. 408; var. *muliebris* ENSLIN, 1915: ibidem, p. 408; var. *luteiformis* ENSLIN, 1915: ibidem, p. 408.

Kopf beim ♀ gelb, unterhalb der Fühler hellgelb; sehr variabel, oft ganz schwarz und nur Mundteile und oberer Augenfleck gelb, oder auch hintere Orbiten gelb, oft breiter unbegrenzter Frontalfleck oder auch schwarze Flecke am Occipitalfeld, des weiteren Basalglieder der Fühler auf der Oberseite schwarz; Thorax meist gelb und nur die vertieften Stellen des Metanotum und ein Doppelfleck des Mesosternum schwarz, oder der Mesosternalfleck zieht sich bis zu den unteren Mesepipleuren; oft auch 3 schwarze Längsmakel auf dem Mesonotum und die Gruben des Scutellum schwarz; Abdomen gelb, Basaltergite oft schwarz. Beim ♂ ist der Thorax meist ganz schwarz, nur Hinterecken des Pronotum, Tegulae, Mesepisternum und Metepipleuren und mitunter Scutellum dunkelgelb.

Beine gelb, höchstens Spitzen der Hintertibien und Tarsen gebräunt.

Supraantennalgrube sehr klein; vorderer Wulst des Frontalfeldes deutlich unterbrochen, Frontalfeld mit scharfen Seitenkielen begrenzt; Fühler beim ♂ etwas länger, beim ♀ etwas kürzer als das Abdomen; Postocellarfeld beim ♀ 1,5mal, beim ♂ 2mal so breit wie lang; Oberkopf zerstreut punktiert, glänzend; Kopf hinter den Augen beim ♀ schwach, beim ♂ deutlich verengt; Sägescheide (Fig. 2) sehr dick, beim ♂ Hypopygium breit abgerundet oder leicht ausgerandet. Penisvalve siehe Fig. 9–11; Sägevalve siehe Fig. 7+8.

Flügel leicht gelblich getrübt; im Vorderflügel Geäder und Subcosta dunkelbraun, Costa dunkelorangefarben aufgehellt; Stigma gelb, meist mit dunkler Basis.

Länge: 6,5–8 mm. Larve an Alnus vorkommend.

Nord- und Mitteleuropa.

Nematinus willigkiae STEIN

1926: Wien. Entomolog. Zeitung, Bd. 43, pp. 105–117.

In der Färbung gleicht das ♀ dem ♂ von *luteus*.

Fühler oben dunkel, unten gelbbraun; beim ♀ Thorax gelb außer dem schwarzen Meso-

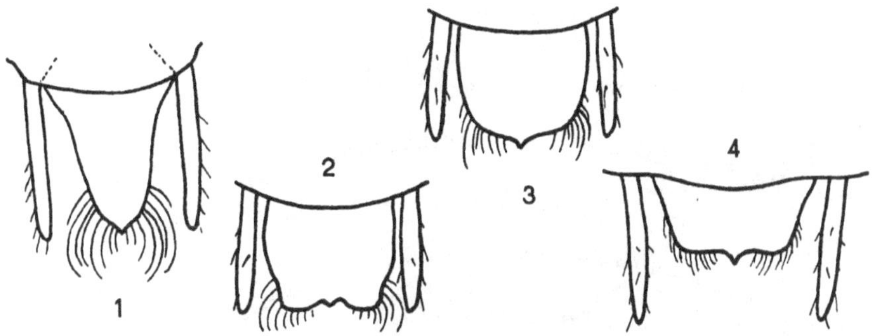

Fig. 1–4. Sägescheide des ♀, Aufsicht.
1: *Nematinus acuminatus* – 2: *Nematinus luteus* – 3: *Nematinus willigkiae* – 4: *Nematinus abdominalis.*

sternum und dem manchmal schwarzen Fleck auf dem Prä- und Mesoscutum; Abdomen fast stets rotgelb, nur Basaltergite mit schwarzer Zeichnung. Nach BENSON bei den englischen und irischen Vertretern mit schwarzem Längsmakel über dem Sternal-Pleuralrand; Basaltergite ohne Punktierung; Sägescheide (Fig. 3) bei Aufsicht nach der Spitze leicht verschmälert, mit abgerundeter Spitze, dieselbe an den Seiten nicht ausgerandet; im Vorderflügel Subcosta und Geäder an der Basis gelb.

Länge: 6–8,5 mm.

♂ ähnlich *Nematinus acuminatus* (THOMSON).

Mesopleuren meist schwarz mit gelbem Streifenfleck oder kielförmigem Fleck; bei den irischen und englischen Vertretern mit leicht angedunkeltem Fleck über der Sternal-Pleurallinie; Abdomen rotgelb, 1. und 2. Tergit glänzend schwarz, die folgenden Tergite mehr oder weniger mit dunklen Querbinden, bei dunklen Varianten die ganze Oberseite des Abdomen außer den Seitenrändern schwarz. Penisvalve siehe Fig. 12. Flügel dunkelgrau mit heller Spitze.

Länge: 5–6,5 mm. Larve an Alnus vorkommend.

In ganz Europa vorkommend.

BENSON erwähnte aus Schottland ♂♀ ohne den Längsmakel auf den Mesopleuren als Unterart: *willigkiae* ssp. *pilosus* BENSON, 1958.

Nematinus caledonicus (CAMERON)

Nematus caledonicus CAMERON, 1882: Trans. Ent. Soc, London, p. 533; *Nematinus nigrosternalis* MALAISE, 1931: Ark. Zool., Bd. 23, Nr. 8, p. 35.

Das ♀ gleicht dem ♀ von *acuminatus* THOMSON.

♀ gelb. Schwarz sind: 2 Basalglieder sowie die Oberseite der Fühler; die Längsmakel des Mesonotum, die sich bis zur vollständigen Schwärzung des Mesonotum ausdehnen können; das Mesosternum und mehr oder weniger die Oberseite des Abdomen.

Beim ♂ ist die Oberseite des Kopfes, des Thorax und das Abdomen schwarz. Vorderwulst

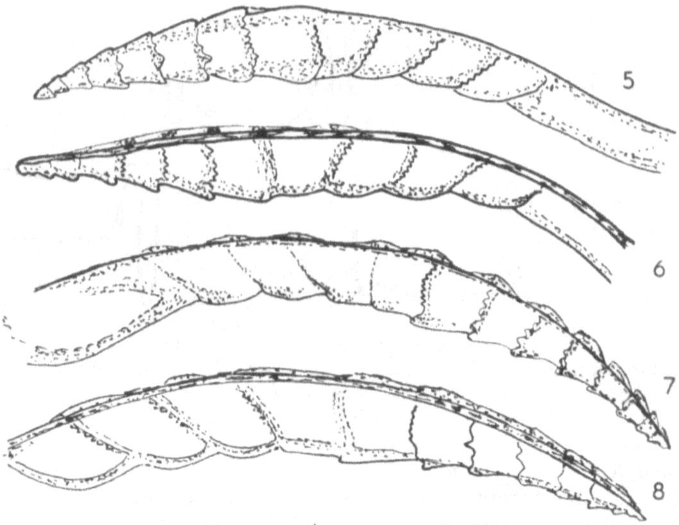

Fig. 5–8. Sägevalve des ♀.
5: *Nematinus abdominalis* – 6: *Nematinus acuminatus* – 7+8: *Nematinus luteus*.

des Frontalfeldes tief und breit unterbrochen; die Art unterscheidet sich von *acuminatus* dadurch, daß die Basaltergite des Abdomen eine quere, lederartige Skulptur aufweisen; die Sägescheide ist breit mit stumpfer Spitze, das Hypopygium ist am Hinterrand ausgerandet; die Sägevalve des ♀ ist an den Seitenrändern der Segmente nicht gezackt, dadurch unterscheidet sich *caledonicus* von allen anderen Arten. Penisvalve siehe Fig. 15.

Im Vorderflügel ist das Stigma gelb mit dunkler Basis.

Länge: 6–7,5 mm. Larve an Betula vorkommend.

Nord- und Mitteleuropa, Sibirien, Kamtschatka.

Nematinus acuminatus (THOMSON)

Nematus acuminatus THOMSON, 1871: Hym. Scand., Bd. 1, p. 138; *nebulosus* STEIN, 1881: Ent. Nachr., Bd. 7, p. 62.

Sehr variable Art.

Beim ♂ Kopf und Thorax schwarz; weißlich sind: Oberlippe, Clypeus, Spitzen der Hüften, Basis der Hintertibien; bräunlichgelb sind: Rand des Pronotum, Tegulae, Beine, Genitalplatte, Querstreifen der Sternite des Abdomen. Fühlergeißel braun, Basis geschwärzt.

Das ♀ gleicht dem ♀ von *caledonicus*; gelb; schwarz sind: meist nur die vertieften Teile des Metanotum, meist auch Vorderkopf, Mesonotum und Oberseite des Abdomen; selten ist auch das Mesosternum schwarz.

Clypeus am Vorderrand nicht tief ausgerandet; Frontalfeld mehr oder weniger deutlich begrenzt, Seitenkiele nicht sehr scharf; Vorderwulst des Frontalfeldes nach dem Supraantennalfeld meist schwach unterbrochen; Fühlerlänge beim ♂ so lang wie das Abdomen und die Hälfte des Thorax, 3. Fühlerglied beim ♂ wenig kürzer als das 4. Glied, beim ♀

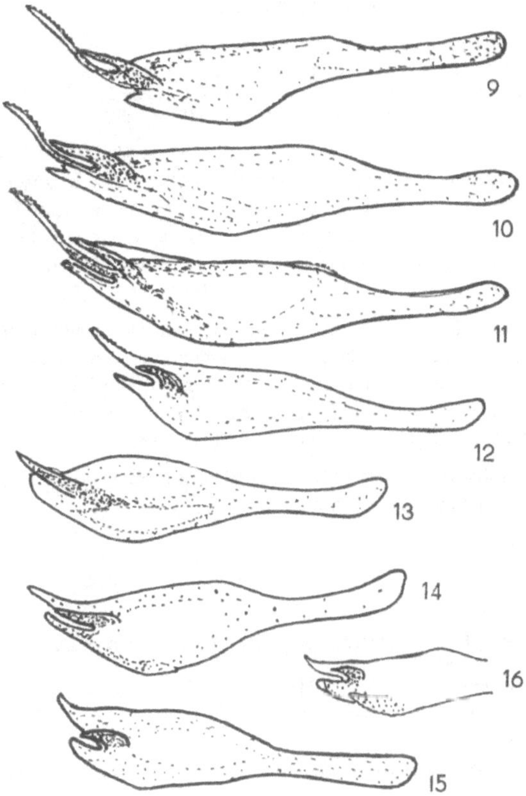

Fig. 9–16. Penisvalve des ♂.
9, 10+11: *Nematinus luteus* – 12: *Nematinus willigkiae* – 13+14: *Nematinus abdominalis* – 15: *Nematinus caledonicus* – 16: *Nematinus acuminatus* (nach LINDQVIST).

gleichlang; Postocellarfeld beim ♀ 1,5mal, beim ♂ 3mal so breit wie lang und etwas länger als der Durchmesser einer Postocelle; Kopf hinter den Augen beim ♀ meist parallel, beim ♂ verengt; Punktierung auf Kopf und Thorax fein und zerstreut, glänzend; Mesopleuren fast unpunktiert; Basaltergite des Abdomen ohne lederartige Skulptur; beim ♀ Sägescheide (Fig. 1) breit, nach der Spitze stumpf zugespitzt; Sägevalve siehe Fig. 6; beim ♂ Hypopygium am Hinterrand flach ausgerandet; Enddorn der Hinterschiene halb so lang wie die Spitzenbreite derselben; Flügel leicht gelblich; Penisvalve (nach LINDQVIST) siehe Fig. 16; beim ♀ im Vorderflügel Costa und Stigma meist einfarbig gelb, beim ♂ hellbräunlich gelb, Basis des Stigma schwach verdunkelt.

Länge: 4,5–7,5 mm. Larve an Betula, Corylus.

Verbreitet über Nord- und Mitteleuropa, Sibirien. Das ♂ ist sehr selten.

Nematinus abdominalis (PANZER)

Tenthredo abdominalis PANZER, 1799: Fauna Ins. Germ., Bd. 6, p. 64.
Tenthredo rufa SCHRANK, 1802: Fauna Boica, Bd. 2, p. 252; *Nematus fuscipennis* LEPELETIER, 1823: Mon. Tenthr., p. 68; *gravenhorsti* GIMMERTHAL, 1836: Bull. Soc. Nat. Moscou, Bd. 9, p. 432; *ventralis* HARTIG, 1837: Aderfl., p. 192.

Kopf schwarz. Dunkelgelb sind: oft die Oberlippe oder der Vorderrand des Clypeus, mehr oder weniger die hinteren Orbiten, die obere Augenecke, oft die Unterseite der Fühler; beim ♂ Thorax und mehr oder weniger die Oberseite des Thorax schwarz. Beim ♀ Thorax gelb; schwarz sind: Mesosternum und oft ein schwarzer Fleck auf den Hinterecken des Pronotum; Abdomen gelb, Basaltergite schwarz gezeichnet. Beine gelb; schwarz sind: Basis der Hüften, Spitzenfleck der Hintertibie, größtenteils die Hintertarse.

Vorderrand des Frontalfeldes nach dem Supraantennalfeld breit unterbrochen; Fühler beim ♀ etwas länger, beim ♂ so lang wie Abdomen und Thorax, 3. Glied kürzer als 4. Glied; Oberkopf fein und zerstreut punktiert, glänzend; Kopf hinter den Augen beim ♀ parallel, beim ♂ verengt; Sägescheide (Fig. 4) sehr breit, Sägevalve siehe Fig. 5; beim ♂ Hypopygium breit abgerundet, Penisvalve siehe Fig. 13, 14.

Flügel an der Basis schwärzlich getrübt, Spitze hellgrau; im Vorderflügel Stigma gelb mit schwarzer Basis, Geäder einschließlich der Costa dunkel.

Länge: 6–7,5 mm. Larve an Alnus.

Europa.

Paläarktische Arten der Gattung *Nematinus* außerhalb des Faunengebietes

Nematinus kamtchaticus MALAISE, 1931: Ark. Zool., Bd. 23 (A), No. 8, p. 50 Sachalin, Kamtschatka. Nach LINDQVIST zweifelhafte Art, die eventuell ein Synonym von *acuminatus* THOMSON ist.

Nematinus rubrocaudatus TAKEUCHI, 1956: Insecta matsum., Vol. 19, No. 3–4, pp. 79–80. Kurilen, Japan.

Nematinus bensoni TOKASHI, 1964: Kontyu, Vol. 32, p. 482. Japan.

Literatur

BENSON, R., 1958: Handbooks for the identification of British Insects, 2. *Symphyta*, Vol. VI, part 2 (c), pp. 192–194.
ENSLIN, E., 1915: Die *Tenthredinoidea* Mitteleuropas. – Deut. Ent. Zeitschr., Beihefte, pp. 406–412.
LINDQVIST, E., 1957: Zur Kenntnis der paläarktischen *Nematinus*-Arten. – Not. Ent., XXXVII, pp. 12–16.
STEIN, R., 1926: Nematiden-Studien. – Wiener Entomolog. Zeitung, XLIII, pp. 105–126.

Euura NEWMAN

NEWMAN 1837: Ent. Monthly Mag., Vol. 4, p. 259.
Cryptocampus HARTIG, 1837: Aderfl., p. 221.

Die Maximallänge der kleinen Gattungsvertreter ist 6 mm. Charakterisiert sind die Arten durch das Fehlen der 2. Cubitalkreuzvene im Vorderflügel; die Fühler sind kurz und wenig zur Spitze verjüngt, die Maximallänge der Fühler ist nicht länger als die Costa im Vorderflügel; bei den ♀♀ sind die Cerci sehr lang, sie erreichen stets die Spitze der Sägescheide.

Die Larven leben in mehr oder weniger deutlichen Gallen auf den Blattnerven, in Blattstielen, Blattknospen oder in den Holzzweigen der Salix- und Populus-Arten.

Paläarktische Arten der Gattung *Euura* außerhalb des Faunengebietes

Euura lanatae MALAISE, 1920; **E. lappo** MALAISE, 1920; **E. lappo** v. **hastatae** MALAISE, 1920: Ent. Tidskr., Bd. 41, pp. 105–109. Schweden.

Bestimmungstabelle

1	Oberlippe, mindestens der Vorderrand des Clypeus, mehr oder weniger die Orbiten hellgelb.	2
—	Höchstens die Oberlippe dunkelbraun.	**ater** (JURINE)
2 (1)	Seitliche Kiele des Frontalfeldes deutlich.	4
—	Frontalfeld ohne seitliche Kiele.	3
3 (2)	Kopf hinter den Augen verengt.	**acuminata** ENSLIN
—	Kopf hinter den Augen parallel oder schwach erweitert.	**amerinae** (LINNÉ)
4 (2)	Hinterschenkel schwarz liniert oder mit schwarzer Basis.	5
—	Hinterschenkel ohne schwarze Färbung.	**testaceipes** (ZADDACH)
5 (4)	Frontalfeld tief liegend, durch seitliche Kiele begrenzt.	6
—	Frontalfeld flach, die seitlichen Kiele nicht kantig.	**mucronata** (HARTIG)
6 (5)	Fühler des ♀ so lang wie Kopf und Thorax zusammen; beim ♂ maximal so lang wie das Abdomen.	**venusta** (ZADDACH)
—	Fühler des ♀ länger als Kopf und Thorax zusammen, die des ♂ länger als das Abdomen.	**laeta** (ZADDACH)

Euura ater (JURINE)

Pteronus ater JURINE, 1807: Nouv. Méth. Class. Hym., t. 6, f. 6.
Cryptocampus angustatus HARTIG, 1837: Aderfl., p. 222; *robustus* ZADDACH, Schrift. Nat. Ges. Danzig, N. F. V., Bd. 4, p. 212; *helveticus* ZADDACH, 1883: Schrift. Nat. Ges. Danzig, N. F. V., Bd. 4, p. 205.

Schwarz. Bräunlich sind die Oberlippe und beim ♂ mehr oder weniger das Hypopygium; hell sind manchmal die Tegulae [var. *angustata* (HARTIG)]; Fühler oft bräunlich. Beine gelblichbraun; schwarz sind Hüften, Trochanteren, Schenkelbasis, mehr oder weniger die Spitzen der Hintertibien und die Tarsen.

Frontalfeld seitlich durch schwache Kiele begrenzt, nach der Supraantennalgrube der Vorderwulst nicht unterbrochen; innere Orbiten wie Oberseite des Kopfes matt, fein gerunzelt; Fühler beim ♀ so lang wie Kopf und Thorax zusammen, beim ♂ etwas länger, 3. Fühlerglied wenig kürzer als das 4. Glied. Kopf hinter den Augen wenig verengt; Mesonotum mit feiner Punktierung. Beim ♀ Sägescheide (Aufsicht siehe Fig. 17) länger als die Hinterschiene, zur Spitze gleichmäßig verschmälert und spitz zulaufend. Flügel klar; im Vorderflügel Stigma braun mit weißer Basis.

Länge: 4,5–5 mm. Larve in den frischen Trieben von Salix- und Populus-Arten, wo die belegten Triebe durch Schwellung zu erkennen sind.

Holarktische Art.

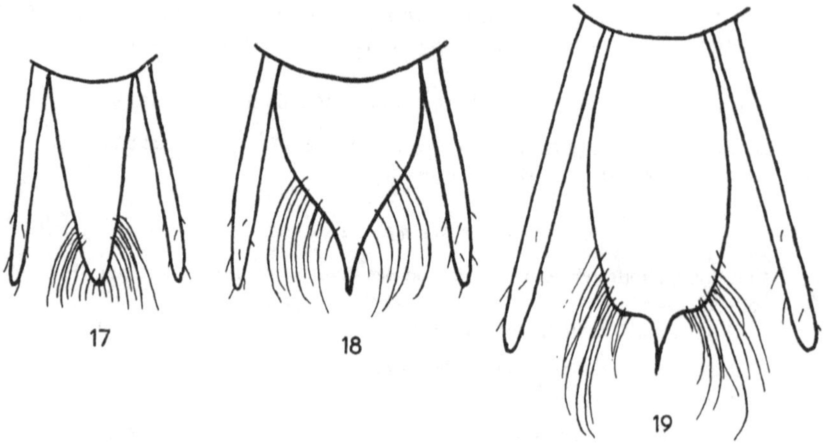

Fig. 17–19. Sägescheide des ♀, Aufsicht.
17: *Euura ater* – 18: *Euura mucronata* – 19: *Euura amerinae*.

Euura acuminata ENSLIN (♀)

1915: Deut. Ent. Zeitschr., Beihefte, p. 339.

Schwarz. Hellgelb sind: Oberlippe, Vorderrand des Clypeus, Hinterecken des Pronotum, Tegulae; Fühler nach der Spitze zu bräunlich, Basis der Sägescheide dunkelbraun. Beine gelb, Basis der Hüften schwarz, Unterseite der Schenkel mit angedeuteter bräunlicher Längslinie.

Frontalfeld ohne irgendwelche Begrenzung, in die flache Supraantennalgrube übergehend; Fühler wenig länger als Kopf und Thorax zusammen, 3. und 4. Glied gleichlang; Kopf mit feiner, dichter Punktierung; hinter den Augen verengt; Sägescheide in Aufsicht (Fig. 23 nach ENSLIN) schmal, ähnlich einer Speerspitze. Flügel klar, im Vorderflügel Stigma weiß mit brauner Spitze.

Länge: 4 mm. ♂ unbekannt. Biologie unbekannt.

DDR: Merseburg.

Euura amerinae (L.)

Cynips amerinae LINNÉ, 1758: Syst. nat., Ed. 10a, I, p. 554; *Cryptocampus medullarius* HARTIG, 1837: Aderfl., p. 224; *Nematus pentandrae* THOMSON, 1862: Öfvers. Svensk. Vet.-Akad. Förh., Bd. XIX, p. 633.

Schwarz. Hellgelb sind: Oberlippe, Vorderrand des Clypeus, meist die äußeren Orbiten und das Sklerit unterhalb des Fühlersockels, beim ♂ meist auch die inneren Orbiten und die Hinterecken des Pronotum; meist gänzlich braun sind: Hypopygium des ♂ und Basis der Sägescheide des ♀. Beine gelb, mehr oder weniger schwarz.

Frontalfeld an den Seiten nicht begrenzt, der vordere Wulst zu der länglichen Supraantennalgrube unterbrochen; Fühler beim ♀ so lang wie Kopf und Thorax zusammen, beim ♂ etwas länger; Postocellarfeld 2,5mal so breit wie lang, mit Mittelfurche; Oberkopf mit feiner, runzliger Skulptur, hinter den Augen parallel, beim ♀ etwas erweitert, hintere

Orbiten gewölbt. Beim ♀ Sägescheide (Fig. 19) fast gleichbreit, mit abgesetzter Spitze, die Cerci erreichen meist nicht die Spitze der Sägescheide. Flügel klar; im Vorderflügel Stigma braun mit weißlicher Basis, beim ♂ jedoch die weißliche Basis oft sehr reduziert.

Länge: 5–6 mm. Gallen als unförmige, dunkle, walnußähnliche Zweigschwellungen an Salix und Populus.

Nord- und Mitteleuropa, Sibirien.

Euura testaceipes (ZADDACH)

Cryptocampus testaceipes ZADDACH-BRISCHKE, 1883: Schrift. Nat. Ges. Danzig, N. F. V., Bd. 4, p. 209; *Euura flavipes* CAMERON, 1885: Mon. Brit. Phyt. Hym., Vol. 2, p. 211.

Schwarz. Gelb sind: Oberlippe, Clypeus, Sklerit am Supraclypealfeld, Wangenanhang, äußere Orbiten (beim ♂ oft auch die inneren Orbiten), Hinterecken des Pronotum, Tegulae; Fühler beim ♀ an der Spitze mehr oder weniger gebräunt, beim ♂ braun und nur die Spitze mehr oder weniger geschwärzt; Basis der Sägescheide und beim ♂ das Hypopygium (selten auch die Mitte der Unterseite vom Abdomen) gelb. Beine gelb; schwarz sind die Basis der Hüfte und die Hintertibienspitze; Hintertarse bräunlich; selten die Vorderschenkel auf der Unterseite mit schwarzer Längslinie.

Frontalfeld durch Seitenkiele begrenzt; Fühler beim ♀ so lang wie Kopf und Thorax zusammen, beim ♂ wenig länger; Kopf sehr fein und nicht dicht punktiert; Klauen mit Subapikalzahn, wobei die beiden Zähne von gleicher Länge sind. Flügel klar; im Vorderflügel Stigma schwarz, Basis und Costa hell. Sägescheiden-Aufsicht siehe Fig. 21.

Länge: 4–5 mm. Die Larve lebt an glattblättrigen Salix-Arten, wo sie an der Basis der Blatt-Mittelrippe spindelförmige Gallen bildet.

Nord- und Mitteleuropa.

Euura mucronata (HARTIG)

Cryptocampus mucronatus HARTIG, 1837: Aderfl., p. 223; *Euura nigritarsis* CAMERON, 1885: Mon. Brit. Phyt. Hym., Vol. 2, p. 214; *Tenthredo saliceti* FALLÉN auct., nec FALLÉN, 1808: Svensk. Vet. Akad. Handl., Bd. 31, p. 111.

Schwarz. Gelb sind: Oberlippe, mehr oder weniger der Clypeus, Wangenanhang; beim ♂ Orbiten und Subantennalsklerit (manchmal auch beim ♀ die äußeren Orbiten), beim ♀ meist die Tegulae, beim ♂ meist auch die Hinterecken des Pronotum, beim ♀ Basis der Sägescheide, beim ♂ Hypopygium; beim ♀ manchmal das 9. Tergit des Abdomen bräunlich; Fühler nach der Spitze zu mehr oder weniger braun. Beine weißlich. Schwarz sind: Basis der Hüften, mehr oder weniger die Trochanteren und die Schenkelbasis, Spitze der Hintertibie und die Tarsenglieder.

Frontalfeld sehr flach, mit wenig deutlichen Seitenkielen; Kopf hinter den Augen verengt; Mesonotum nicht dicht, aber fein punktiert; Klauen mit Subapikalzahn, bei dem der innere Zahn die gleiche Länge aufweist wie der äußere Zahn. Sägescheide (Fig. 18) nicht länger als die Hintertibie; Cerci länger als die Sägescheidenspitze. Flügel klar; im Vorderflügel Stigma schwarz, Basis weißlich.

Länge: 2,5–5 mm. Die Larve bildet Knospengallen, die sich durch die große Form von den normalen Knospen unterscheiden.

Holarktische Art.

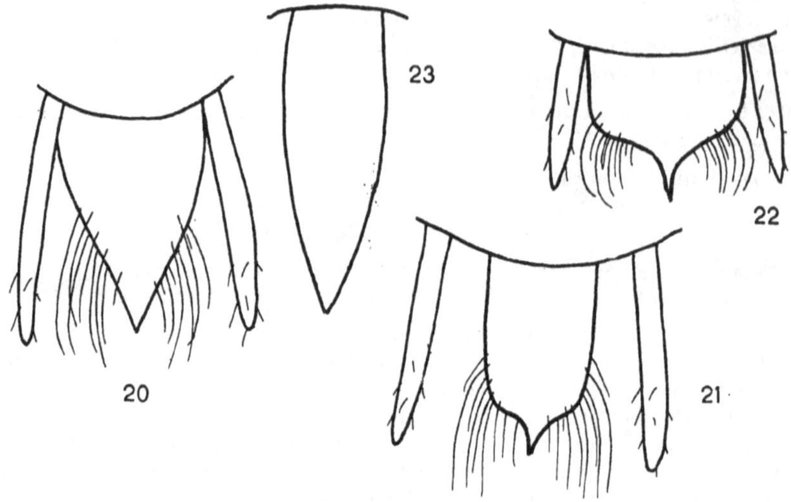

Fig. 20–23. Sägescheide des ♀, Aufsicht.
20: *Euura venusta* – 21: *Euura testaceipes* – 22: *Euura laeta* – 23: *Euura acuminata* (Schema nach ENSLIN).

Euura venusta (ZADDACH)

Cryptocampus venustus ZADDACH, 1883: Schrift. Nat. Ges. Danzig, N. F. V., Bd. 4, p. 206; *brevicornis* ZADDACH, 1883: Ibidem, Bd. 4, p. 210.

Schwarz. Gelb bis braun sind: Oberlippe, Clypeus, seltener mehr oder weniger die Orbiten, Spitze der Fühler, Tegulae, beim ♀ die Basis der Sägescheide und die Mitte des 9. Tergit vom Abdomen, beim ♂ das Hypopygium. Beine gelb. Schwarz sind: Basis der Hüften, meist eine schmale Linie der Ober- und Unterseite vom Schenkel; Hintertibienspitze und Tarsen gebräunt.

Frontalfeld tiefliegend, mit scharfen Seitenkielen, nach der Supraantennalgrube tief unterbrochen; Fühler beim ♀ so lang wie Kopf und Thorax zusammen, beim ♂ so lang wie das Abdomen; Kopf mit feiner, runzliger Skulptur, nur wenig glänzend; Basis der Sägescheide (Fig. 20) in der Aufsicht breit, mit langer Spitze; die Cerci erreichen die Spitze der Sägescheide; Subapikalzahn von gleicher Länge wie der äußere Zahn. Flügel klar; im Vorderflügel Stigma schwarz, Basis weiß.

Länge: 4,5 mm. Die Larve bildet dicke Gallen durch eine Ausdehnung der Basis vom Blattstiel an Salix.

Nord- und Mitteleuropa.

Euura laeta (ZADDACH)

Cryptocampus laetus ZADDACH, 1883: Schrift. Nat. Ges. Danzig, N. F. V., Bd. 4, p. 204.

Schwarz, mit ausgedehnter heller Färbung. Gelb sind: Oberlippe, Clypeus; beim ♂ teilweise der Kopf unterhalb der Fühler; bei ♂♀ die Hinterecken des Pronotum, die inneren

Orbiten. Beine gelb; beim ♂ Schenkel meist auf der Ober- und Unterseite schwarz liniert, beim ♀ meist die Schenkelbasis schwarz.

Frontalfeld tief liegend, mit scharfen Seitenkielen, nach der Supraantennalgrube tief, aber nicht bis zum Grund eingeschnitten; Fühler beim ♀ länger als Kopf und Thorax zusammen, beim ♂ länger als das Abdomen; Kopf sehr fein punktiert, glänzend; Sägescheide (Fig. 22) in der Aufsicht mit breiter Basis, in eine lange Spitze übergehend.

Die Annahme von BENSON (1958, p. 195), daß *laeta* mit *mucronata* eventuell identisch sein könnte, wiederlegte durch intensives Studium beider Arten KRISTEK (1972, p. 90).

Länge: 4,5–5 mm. Die Larve bildet Knospengallen an Salix viminalis und an Hybriden von S. viminalis. Nach KRISTEK überwintert die Larve im Mark der Rutenstummel, im Kokon eingesponnen, als Eonymphe.

Mitteleuropa (DDR, BRD, ČSSR, Österreich), Schweden, europäischer Teil der UdSSR.

Literatur

BENSON, R., 1958: Handbooks for the identification of British Insects, 2. *Symphyta*, Vol. VI, part 2 (c), pp. 194–197.
ENSLIN, E., 1915: Die *Tenthredinoidea* Mitteleuropas. – Deut. Ent. Zeitschr., Beihefte, pp. 336–344.
KONOW, F. W., 1905: In Genera Insectorum (WYTSMAN), pp. 50–51.
KRISTEK, J., 1972: Die Blattwespen *Euura laeta* und *Euura mucronata* in den Korbweidenanlagen Mährens. – Acta Sci. Nat. Acad. Sci. Bohem., N. S., Bd. 6, Nr. 4, pp. 1–96.

Croesus LEACH

1817: Zool. Misc., Vol. 3, p. 129.
Genotypus: *Croesus septentrionalis* (L.)

Diese Gattung umfaßt nur wenige Arten. Es sind große Vertreter mit walzenförmigem Körper, schwarz; am Abdomen sind die mittleren Segmente meist rot, sofern es sich um die europäischen Arten handelt. Im Vorderflügel befinden sich 4 Cubitalzellen und eine gestielte Analzelle. Charakteristisch für diese Gattung ist die am Ende verbreiterte Hinterschienenspitze und der breite lamellenförmige Basitarsus.

Bestimmungstabelle

1 Mesopleuren matt, wenig glänzend; in ihrem oberen Teil rauh und fein runzlig, so daß die verstreute Punktierung kaum zu erkennen ist. 2

— Mesopleuren zwischen der feinen Punktierung glatt und glänzend, höchstens mit feiner Skulptur zwischen den Punktgruben. 3

2 (1) Entfernung des Postocellus zum Hinterrand des Kopfes ungefähr von gleicher Länge wie der Abstand zwischen den Postocellen. **latipes** (VILLARET)

— Entfernung des Postocellus zum Hinterrand des Kopfes kürzer als der Zwischenraum der Postocellen. **septentrionalis** (L.)

3 (1) Vorderflügel mit bräunlicher (manchmal undeutlicher) Substigmalbinde. **brischkei** (ZADDACH)

— Vorderflügel ohne bräunliche Substigmalbinde. **varus** (VILLARET)

Croesus septentrionalis (L.)

Tenthredo septentrionalis LINNÉ, 1758: Syst. Nat. (ed. 10), Bd. 1, p. 557; *alni* LINNÉ 1758; Syst. Nat. (ed. 10), Bd. 1, p. 559; *largipes* RETZIUS, 1783: Gen. Spec. Ins., p. 73; *Croesus laticrus* CURTIS, 1824: Brit. Ent., Vol. 1, p. 17.

Schwarz. Beim ♂ sind meist bräunlich: Oberlippe, Clypeus, Fühlerunterseite und Tegulae; beim ♀ sind die mittleren Segmente des Abdomen rot, beim ♂ kann auch die Spitze des Abdomen rot sein, sehr selten ist das Abdomen vollständig dunkel. Beine schwarz bis rotbraun und weiß gezeichnet.

Frontalfeld an den Seiten deutlich begrenzt, nach der Supraantennalgrube schwach unterbrochen; Fühler etwas länger als Thorax und Abdomen zusammen, 3. Glied wenig kürzer als das 4. Glied; Postocellarfeld 1,5mal so breit wie lang; Kopf mit runzliger Skulptur, hinter den Augen parallel. Ober- und Unterseite des Thorax stark punktiert, wenig glänzend; Basitarsus reichlich doppelt so lang wie breit, Oberseite gebogen. Flügel klar; im Vorderflügel ist die Spitze getrübt, Stigma schwarz, Substigmalbinde bräunlich. Sägevalve siehe Fig. 24

Länge: 8–10 mm. Die Larve kommt besonders an Betula und Alnus vor, aber auch an Acer, Carpinus, Corylus, Fraxinus, Populus, Salix und Sorbus.

Europa, Kleinasien, Kaukasus.

Croesus latipes (VILLARET)

Nematus latipes VILLARET, 1832: Ann. Soc. Ent. Fr., Bd. 1, p. 14.
Croesus laticrus EVERSMANN, 1847: Bull. Soc. Nat. Moscou, Bd. 20, p. 14.

Sehr ähnlich der Art *septentrionalis* (L.)

Schwarz; Oberlippe und Clypeus bräunlich; Abdomen schwarz, mittlere Segmente rot, beim ♀ außerdem meistens das 2. Tergit in der Mitte mit rotem Fleck. Beine schwarz, beim ♀ können die Hinterschenkel mehr rotbraun sein.

Postocellarfeld doppelt so breit wie lang; Basitarsus fast 3mal so lang wie breit, Oberseite flach gebogen. Flügel klar; im Vorderflügel Flügelspitze klar, Substigmalbinde bräunlich. Penisvalve siehe Fig. 29.

Länge: 7,5–10 mm. An Betula-Arten.

Nord- und Mitteleuropa, Kaukasus.

Croesus brischkei (ZADDACH) (♀)

Nematus brischkei ZADDACH, 1875: Schrift. Naturf. Ges. Königsberg, Bd. 16, p. 57.

Schwarz; Clypeus und Tegulae meist braun, Oberlippe hellbraun, mittlere Segmente des Abdomen rot. Beine rotbraun und schwarz, z. T. weiß, Schenkel meist schwarz.

Frontalfeld an den Seiten durch kantige Kiele begrenzt, Vorderwulst nach der tiefen Supraantennalgrube schmal unterbrochen; Postocellarfeld doppelt so breit wie lang; Kopf fein punktiert, glänzend; Mesepisternum stärker und dicht punktiert, mit feiner Skulptur zwischen den Punktgruben; Basitarsus schlank; Sägescheide an der Basis und nach der Spitze zu nur wenig verbreitert, schmaler als die Basis der Hinterschiene. Flügel klar; im Vorderflügel Stigma schwarzbraun, Substigmalbinde bräunlich. Sägevalve siehe Fig. 27+28.

Länge: 7–8 mm. ♂ unbekannt. Larve an Carpinus und Corylus vorkommend.

Mitteleuropa.

Croesus varus (VILLARET)

Nematus varus VILLARET, 1832: Ann. Soc. Ent. Fr., Bd. 1, p. 306.

Schwarz; Oberlippe und meist der Vorderrand des Clypeus weißlich, Tegulae gelblichrot, meistens die Hinterecken des Pronotum gelblichrot; Abdomen mit mehr oder weniger roten Segmenten in der Mitte. Beine rotbraun und weißlich, Hüften und Hintertibie mit den Tarsen schwarz, Schenkel gelb mit dunkler Basis und Spitze.

Clypeus am Vorderrand flach ausgerandet; Frontalfeld seitlich deutlich aber schwach begrenzt, Vorderwulst zur flachen Supraantennalgrube hin schmal unterbrochen; Postocellarfeld ca. 1,5mal so breit wie lang; Kopf dicht punktiert, schwach glänzend; Mesopleuren mit feiner und nicht dichter Punktierung; Basitarsus der Hinterbeine schlanker als bei *latipes*, Oberseite flach gewölbt; Sägescheide an der Basis breiter als die Breitseite der Hinterschienenspitze, gegen die Spitze der Sägescheide zu schmal abgerundet und in der Aufsicht ungefähr so breit wie die Basis der Hinterschiene. Flügel klar; im Vorderflügel Substigmalbinde fehlend. Sägevalve siehe Fig. 25+26.

Länge: 7–8 mm. Larve an Alnus vorkommend.

Europa, Sibirien, Nordamerika.

Paläarktische Arten der Gattung *Croesus* außerhalb des Faunengebietes

Croesus japonicus TAKEUCHI, 1921: Konchu Sekai, p. 395; **C. nigrodorsatus** MALAISE, 1931: Ark. Zool., Bd. 23 (A), No. 8, p. 26. Ostasien.

Literatur

BENSON, R., 1958: Handbooks for the identification of British Insects, 2. *Symphyta*, Vol. VI, part 2 (c), pp. 209–211.
BENSON, R., 1963: The *Nematinae* of South-east Asia. – Entom. Tidskr, 84, H. 1–2, pp. 25–26.
ENSLIN, E., 1915: Die *Tenthredinoidea* Mitteleuropas. – Deut. Ent. Zeitschr., Beihefte, pp. 364–368.
KONOW, F. W., 1905: In Genera Insectorum (WYTSMAN), p. 61.

Heterarthrinae STEPHENS

Phyllotoma FALLÉN nec LEACH.

Eine kleine, monogenerische Unterfamilie, deren Vertreter sich in Platzminen der Blätter von Laubbäumen entwickeln.

Heterarthrus STEPHENS

STEPHENS 1835: Brit. Ent. Mandib., Vol. 7, p. 94.
Phyllotoma FALLÉN, 1829: Mon. Tenthr. Suec., p. 25.
Decatria STEPHENS, 1835: Brit. Ent. Mandib., Vol. 7, p. 94.
Druida NEWMAN, 1838: Ent. Mag., Vol. 5, p. 484.

Da sind die Arten *Heterarthrus aceris* und *wüstneii* KONOW, die etwas Verwirrung ge-

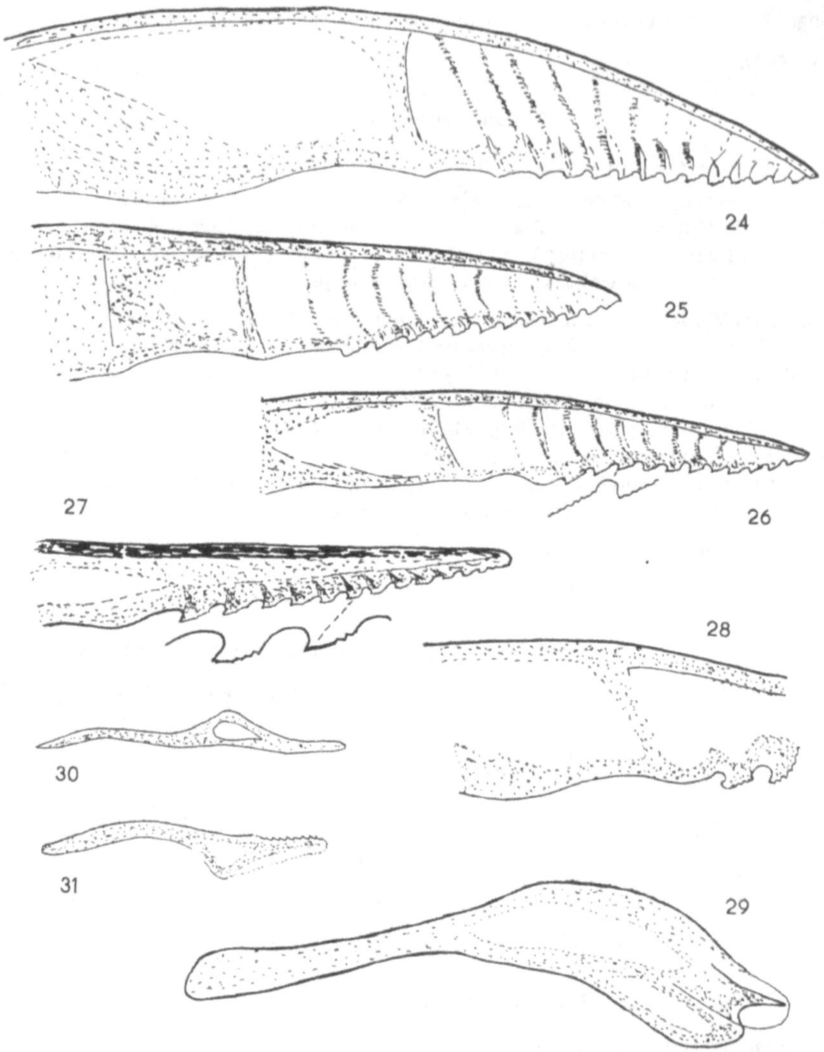

Fig. 24–31. Sägevalve des ♀ (24–28) und Penisvalve des ♂ (29–31).
24: *Croesus septentrionalis* – 25+26: *Croesus varus* – 27: *Croesus brischkei* – 28: *Croesus brischkei*, Basis der Sägevalve – 29: *Croesus latipes* – 30: *Heterarthrus wüstnei* – 31: *Heterarthrus aceris*.

schaffen haben. So hatte BENSON (1952: p. 77) *aceris* (KALTENBACH, 1873) als valide Art anerkannt, trotzdem eine Art namens *aceris* bereits 1867 von McLACHLAN beschrieben worden war. ENSLIN (1914: p. 260, 261) synonymisierte *wüstneii* (KONOW) als *fumipennis* (CAMERON), aber in seiner im gleichen Jahr erschienenen Arbeit (Die Blatt- und Holzwespen, Stuttgart, p. 162) erwähnte ENSLIN wieder *wüstneii* als valide Art, verschwieg dagegen jeden Hinweis über *fumipennis*. 1904 (p. 72) hatte bereits KONOW *fumipennis* CAMERON als *aceris* McLACHLAN synonymisiert.

Heterarthrus maximus (STROBL) bleibt weiterhin unsicher, da diese Art nach der Beschreibung *leucomela* (KLUG) gleicht. Der Vollständigkeit halber sei jedoch die Urbeschreibung am Schluß der Gattungsdarstellung beigefügt.

Bestimmungstabelle

1 Unterseite des Abdomen schwarz; wenn hell, dann die Flügel klar oder mit Substigmalbinde. 3

— Unterseite des Abdomen größtenteils orangefarben; die Flügel sind mehr oder weniger getrübt. 2

2 (1) Beim ♂ Mesopleuren schwarz; Sägescheide des ♀ in der Aufsicht schmaler als der Basitarsus sowie kurz und bürstenartig behaart. **vagans** (FALLÉN)

— Beim ♂ Mesopleuren mehr oder weniger hellgelb; Sägescheide des ♀ in der Aufsicht mindestens so breit wie der Basitarsus der Hintertarse, an der Spitze mit langen, nach innen gerichteten Haaren. **microcephalus** (KLUG)

3 (1) Abdomen entweder ganz schwarz oder mit heller Unterseite. 4

— Am Abdomen sind die umgeschlagenen Seitenecken der Tergite sowie die Hinterränder mehr oder weniger gelblichweiß. **nemoratus** (FALLÉN)

4 (3) Kopf hinter den Augen stark verengt. 5

— Kopf hinter den Augen nicht verengt, Länge 6,5–7 mm. **leucomelus** (KLUG)

5 (4) Beim ♂ das Abdomen, beim ♀ die Schenkel schwarz. 6

— Beim ♂ die Unterseite des Abdomen, beim ♀ die Schenkel gelb. **ochropodus** (KLUG)

6 (5) POL gleich OOL; Penisvalve des ♂ siehe Fig. 31. **aceris** (McLACHLAN)

— POL wenig breiter als OOL; Penisvalve des ♂ siehe Fig. 30. **wüstneii** (KONOW)

Heterarthrus nemoratus (FALLÉN)

Hylotoma nemorata FALLÉN, 1808: Svensk. Vet. Akad. Handl., Bd. 29, p. 47; *Phyllotoma nemoralis* FALLÉN, 1829: Mon. Tenthred. Suec., p. 35; *Fenusa parviceps* NEWMAN, 1837: Ent. Mag., Vol. 4, p. 261; *Phyllotoma tenella* ZADDACH, 1859: Progr. Friedr. Coll. Königsberg, p. 28; *Phlebatrophia mathesoni* McGILLIVRAY, 1909: Canad. Entomologist, Vol. 41, p. 25.

Schwärzlich. Hellgelb sind: Kopf unterhalb der Fühler, innere Orbiten, Seitenränder der Supraantennalfurche, Hinterrand des Pronotum, Tegulae; Seitenränder der Tergite des Abdomen mit mehr oder weniger ausgedehnten Flecken. Fühlerunterseite braun. Beine weißlich; schwärzlich sind mehr oder weniger die Hüften, die Basis der Schenkel und die Tarsenspitzen.

Fühler 10–11gliedrig; Kopf glatt und glänzend, hinter den Augen verengt; Thorax glänzend, unpunktiert; Sägescheide weit vorragend, Spitze verbreitert, schwach ausgerandet, mit langen, nach innen gebogenen Borsten. Flügel klar. Im Vorderflügel Basalhälfte bräunlich getrübt, Stigma dunkel, Costa hellbraun, Substigmalbinde bräunlich.

Länge: 5 mm. Die Larve miniert in den Blättern von Betula.

Nord- und Mitteleuropa.

Heterarthrus ochropodus (KLUG)

Tenthredo ochropoda KLUG, 1814: Mag. Ges. Naturf. Berlin, Bd. 8, p. 273; *Decatria fuscipennis* STEPHENS, 1835: Ill. Brit. Ent. Mandib., Vol. 7, p. 94; *Phyllotoma pinguis* VOLLENHOVEN, 1869: Tijdschr. Ent., Bd. 12, p. 121; *nigrescens* GRADL, 1881: Ent. Nachr., Bd. 7, p. 298; *costae* COSTA, 1894: Prosp. Im. Ital., Bd. 1, p. 80.

Schwarz. ♂: Gelblichweiß sind: der Raum unterhalb der Fühlerbasis sowie mehr oder weniger das Supraantennalfeld außer der Supraantennalfurche, die inneren und äußeren Orbiten, die 2 Basalglieder der Fühler, die Hinterecken des Pronotum, die Tegulae, mehr oder weniger das Mesepisternum, die Unterseite des Abdomen. Beine einschließlich der Hüften und Trochanteren gelblichweiß, schwarz ist die Basis der Schenkel sowie die Unterseite derselben.

♀: Weißlich bis hellgelb sind: die Mundwerkzeuge, die unteren und inneren Orbiten, manchmal die Hinterecken des Pronotum, seltener die Tegulae, oft die 2 Basalglieder der Fühler (besonders bei Tieren mit hellen Tegulae und Pronotum); nach ENSLIN (1914, p. 259) sind die Hinterränder der Tergite meist weißlich; die Unterseite des Abdomen ist hellgelb, manchmal mit schwacher dunkler Zeichnung. Fühler schwarz bis braun, beim ♂ mit heller Unterseite.

Fühler 12–14gliedrig; Kopf glänzend, hinter den Augen verengt; Mesoscutum glatt und glänzend, Präscutum fein lederartig skulptiert; Sägescheide an der Spitze breit und abgestutzt. Vorderflügel beim ♀ mit klarer Spitze, Flügelbasis bis zum Stigma schwärzlich getrübt; beim ♂ Vorderflügel stärker klar, manchmal mit einer Andeutung einer schwachen Substigmalbinde, 3. Cubitalzelle distal erweitert, Stigma dunkelbraun.

Länge: 4,5–5,5 mm. Die Larve miniert in Blättern von Populus tremula.

Nord- und Mitteleuropa, Italien.

Heterarthrus leucomelus (KLUG) (♀)

Tenthredo leucomela KLUG, 1814: Mag. Ges. Naturf. Berlin, Bd. 8, p. 274.

Schwarz. Weißlich sind: Oberlippe, Clypeus, Supraclypealfeld, untere und innere Orbiten, äußerster Rand der Tegulae, Vorderseite der Vorderbeine, mehr oder weniger die Hinterseite der Tibien, die Hinterschenkel nur an der Spitze, mehr oder weniger die Hüften und Trochanteren.

Fühler 12–14gliedrig; Kopf fast unpunktiert, glänzend, hinter den Augen parallel; Mesonotum glatt und glänzend; Sägescheide an der Spitze leicht erweitert und schwach ausgeschnitten. Vorderflügel schwärzlich, Stigma schwarzbraun mit braunem Hinterrand.

Länge: 6,5–7 mm. Das ♂ ist unbekannt. Die Larve miniert in den Blättern von Acer pseudoplatanus.

Mitteleuropa.

Heterarthrus vagans (FALLÉN)

Hylotoma vagans FALLÉN, 1808: Svensk. Vet. Akad. Handl., Bd. 29, p. 47; *Tenthredo melanopyga* KLUG, 1814: Mag. Ges. Naturf. Berlin, Bd. 8, p. 275; *amaura* KLUG, 1814: ibidem, Bd. 8, p. 275; *leucopoda* DAHLBOM, 1835: Consp. Tenthr. Scand., p. 13.

Schwarz. Beim ♀ sind manchmal weiß die Oberlippe und oft der Vorderrand des Clypeus, die inneren Orbiten sind weiß, subantennal ein weißer Fleck; das Abdomen ist orangefarben, die Spitze des Pygidium und die Sägescheide bleiben jedoch schwarz. Die schwarze Färbung kann auf die Oberseite des Abdomen übergreifen, manchmal mit einer schwarzen Längsstrieme. Bei der var. *amaura* ist die ganze Oberseite des Abdomens schwarz gefärbt.

Beim ♂ ist gelblichweiß die Vorderansicht des Kopfes, die 2 Basalglieder der Fühler sind manchmal weißlich, Parapteren mit einem Fleck; das Abdomen ist orangefarben, die Oberseite ist meist ganz schwarz, die Unterseite ist oft mehr oder weniger geschwärzt. Beine gelblich; schwarz ist die Basis der Hüften, manchmal auch die Basis der Schenkel, die Hintertibie ist an der Spitze gebräunt. Fühler 11–14gliedrig; Kopf und Mesonotum glatt und glänzend; die Sägescheide schmaler als der Basitarsus, parallel mit sehr kurzer, bürstenartiger Behaarung, ohne lange, gebogene Behaarung an der Spitze. Vorderflügel schwärzlich getrübt, mit aufgehellter Spitze.

Länge: 3–5 mm. Das ♂ ist sehr selten. Die Larve miniert in den Blättern von Alnus.

Nord- und Mitteleuropa.

Heterarthrus microcephalus (KLUG)

Tenthredo microcephala KLUG, 1814: Mag. Ges. Naturf. Berlin, Bd. 8. p. 274; *Phyllotoma melanotoma* HEALY, 1868: The Entomologist, Vol. 4, p. 138.

Schwarz. Bleichgelb sind: meist die 2 Basalglieder der Fühler, beim ♂ die Hinterecken des Pronotum, Tegulae, Parapteren, mehr oder weniger die Mesepisternen, meist die Metepimeren. Orangefarben ist die Unterseite des Abdomen, beim ♀ auch die Oberseite außer Analtergit und Sägescheide. Weißlich sind: die Oberlippe, mehr oder weniger der Clypeus beim ♀, beim ♀ meistens die Hinterecken des Pronotum, die Tegulae; die Beine sind gelb; Hüften oft mit dunkler Basis. Bleichgelb sind die Trochanteren, die Spitze der Hintertibien und die Hintertarsen sind dunkel.

Fühler 13–15gliedrig. Beim ♀ ist die Sägescheide an der Spitze leicht erweitert, mit nach innen zeigenden, langen Haarborsten, die Sägescheide ist mindestens so breit wie der Basitarsus der Hintertarse. Vorderflügel schwärzlich getrübt, die Spitze leicht aufgehellt, Stigma dunkelbraun.

Länge: 3–5 mm. Die Larve miniert in Blättern von Salix-Arten.

Nord- und Mitteleuropa.

Heterarthrus aceris (McLACHLAN)

Phyllotoma aceris McLACHLAN, 1867: Ent. Monthly Mag., Vol. 4, p. 104; *aceris* KALTENBACH, 1874: Die Pflanzenfeinde, p. 91, **syn. n.**; *fumipennis* CAMERON, 1888: Ent. Monthly Mag., Vol. 24, p. 218.

Schwarz. Weißlich sind: Labrum, Clypeus, untere und innere Orbiten, meist das Interantennalfeld; Hinterrand des Pronotum, Tegulae, oft die Spitzen der Hüften und Flecke an den Trochanteren, Knie, mehr oder weniger die Tibien, seltener die Tarsen, öfters sind die Tarsen fast ganz weißlich; Unterseite der Fühler bräunlich, nach der Spitze zu aufgehellt.

Clypeus abgestutzt; Frontalfeld mit lederartiger Skulptur, wenig glänzend; von der Supraantennalgrube aus geht eine Furche bis zum Vorderrand des Frontalocellus; Fühler so lang wie Kopf und Thorax zusammen, mit 10–14 gleichbreiten Gliedern; Oberkopf neben dem Postocellarfeld glatt und glänzend, hinter den Augen stark verengt; beim ♂

und ♀ ist POL gleich OOL; Mesonotum ziemlich glatt, aber Präscutum beim ♀ mit matten, fein lederartig skulptierten Flecken oder ganz skulptiert; beim ♂ Präscutum glatt und glänzend; Schildchen beim ♀ so breit wie lang, beim ♂ breiter als lang (2,0:1,5), matt und fein chagriniert; Oberseite des Abdomen mit feiner Querrastrierung. Flügel einfarbig getrübt, oder Vorderflügel zur Hälfte getrübt; Stigma des Vorderflügels dunkelbraun, sehr oft die 1. Cubitalkreuzvene fehlend.

Länge: 3,5–4 mm. Parthenogenetische Art, das ♂ ist sehr selten (Penisvalve siehe Fig. 31). Die Larve miniert in den Blättern von Acer campestre, A. platanoides und A. pseudoplatanus.

Nord- und Mitteleuropa, Spanien.

Heterarthrus wüstneii (KONOW)

Phyllotoma wüstneii KONOW, 1905: Zeitschr. Hym. Dipt., Bd. 5, p. 156.

Schwarz. Weißlich sind: meist das Gesicht unterhalb der Fühler; mehr oder weniger das Inter- und Supraantennalfeld, wobei die Supraantennalgrube schwarz bleibt; innere Orbiten, Hinterecken des Pronotum, Tegulae, Hüften außer der Basis, Trochanteren, mehr oder weniger die Vorderbeine außer der Basis der Schenkel und der Endglieder der Tarsen (Hinterseite der Schenkel und Schienen meist dunkel), Spitzen der Mittel- und Hinterschenkel, mehr oder weniger die Mittelschiene, Innenseite der Hinterschiene. Die Fühler sind bräunlich, die Unterseite dieser ist nach der Spitze zu aufgehellt.

Clypeus abgestutzt; Supraantennalgrube abgeflacht, in flacher Furche bis zum Frontalocellus laufend; Frontalfeld vorn und an der Seite nicht begrenzt; Fühler fadenförmig, mit 11 gleichbreiten Gliedern, so lang wie Kopf und Thorax zusammen; Kopf hinter den Augen verengt, mit sehr kurzen Wangen; Oberkopf stark glänzend, mit feiner Chagrinierung und kurzer weißgelber, nach vorn dunkler Beborstung; POL:OOL = 1,0:0,8; Postocellarfeld sehr kurz, ungefähr 3mal so breit wie lang. Mesonotum glänzend und abgeflacht; Präscutum fein und deutlich, Mesoscutum undeutlich und viel feiner punktiert; Scutellum sehr flach, stark glänzend, mit einem Anhang so lang wie breit; Oberseite des Abdomen mit feiner, lederartiger Skulptur; Cerci sehr kurz; Sägescheide das 9. Tergit wenig überragend, in der Aufsicht parallel, ohne das Hypopygium so lang wie der Basitarsus der Hintertarse, Hypopygium lang ausgeschnitten. Flügel schwach schwärzlich getrübt. Vorderflügel mit 3 Cubitalzellen, da die 1. Cubitalkreuzvene fehlt; die Ansatzstelle für die 1. Cubitalkreuzvene ist bei allen 6 Typenexemplaren am Cubitus durch eine mehr oder weniger deutlich vorspringende zahnartige Erweiterung sichtbar. Penisvalve siehe Fig. 30.

Länge: 3–4 mm. Die Larve miniert in den Blättern von Acer.

BRD: Alsen, Sonderburg, 12. 5. 1904. Der Lectotypus wird hiermit festgelegt (1 ♂, Institut für Pflanzenschutzforschung, Eberswalde).

Heterarthrus maximus (STROBL)

Phyllotoma maxima STROBL, 1896: Wien. Ent. Zeit., Bd. 15, p. 118.

Originalbeschreibung: „6 mm. Atra, nitidula ore, orbitis, squamulis, coxis pro maxima parte, trochanteribus et genubus, tibiis posticis alboflavis; pedibus luteis coxarum femorumque basi nigris; antennis fusconigris, 14articulatis, alis infuscatis apice dilutiori."

Schon durch die Größe, Färbung und durch die 14gliedrigen Fühler ist die Art von den verwandten Arten hinreichend unterschieden. KONOW bestimmte zwar das Tier als *aceris*; es kann aber wegen der bedeutenderen Größe und der Fühlergliederzahl nicht damit identisch sein. – Oberlippe und Kopfschild gerade abgestutzt, nebst den inneren Augenrändern gelblichweiß. Scheitel hinter den Augen etwas verschmälert. Fühler fadenförmig, von Thoraxlänge, braunschwarz, nur die 2 Wurzelglieder an der Spitze schmal gelb. Thorax und Hinterleib fast glatt, stark glänzend, ganz schwarz; nur die Flügelschüppchen hell. Vorderflügel ziemlich stark getrübt, aber mit deutlich hellerer Spitze; Randmal und Adern schwarzbraun; Geäder normal, nur ist der erste Abschnitt der Cubitalader weniger steil als bei den vorigen Arten. Beine weißgelb, gelbrot und schwarz gescheckt. Schwarz sind: Basalhälfte der Hüften (an den Vorderhüften aber nur auf der Rückseite) und ein Ring an der Basis der Schenkel, der an den Vorderschenkeln sehr schmal ist, an den Hinterschenkeln aber fast bis zur Mitte reicht. Weißlich sind: der größte Teil der Hüften, die ganzen Schenkelringe, alle Knie und fast die ganzen Hinterschienen; das übrige ist gelbrot.

(Austria) „A i.: Seitenstetten, auf Waldgebüsch (10/5 Str. ♀)".

Nach der Beschreibung handelt es sich um *H. leucomela* (KLUG), jedoch kann nur die Untersuchung des Typus Klarheit schaffen.

Paläarktische Arten der Gattung *Heterarthrus* außerhalb des Faunengebietes

Heterarthrus fasciatus (MALAISE, 1931); **H. kamtchaticus** (MALAISE, 1931); **H. aceroides** (MALAISE, 1931): Ark. Zool., Bd. 23 (A), No. 8, pp. 28–29. Kamtschatka.

Literatur

BENSON, R., 1952: Handbooks for the identification of British Insects, 2. *Symphyta*, Vol. VI, part 2 (b), pp. 77–78.
ENSLIN, E., 1914: Die *Tenthredinoidea* Mitteleuropas. – Deut. Ent. Zeitschr., Beihefte, pp. 257–263.
KALTENBACH, J. H., 1873: Die Pflanzenfeinde, p. 91.
KONOW, F. W., 1905: In Genera Insectorum (WYTSMAN), pp. 72–73.

Anschrift des Autors:
W. H. Muche, DDR – 8142 Radeberg, Postfach 62.

Nachtrag zu:
Die Blattwespen Deutschlands – I. *Tenthredininae*
(Entom. Abh. Mus. Tierk. Dresden, Bd. 36, Suppl., 1967, pp. 1–60)

Berichtigung:

Seite 5, 4. Zeile von unten: Statt „Subcosta und Radius ..." muß es richtig heißen „Subcosta und Cubitus ..."

Ergänzung:

Seite 13, zu **Macrophya albicincta** (SCHRANK):

CHEVIN (1975) stellte fest, daß die zu *M. albicincta* synonymisierte *M. alboannulata* COSTA eine valide Art ist und sich durch folgende Merkmale unterscheidet:

Macrophya alboannulata COSTA, 1859
Fauna Napoli, Tenthr., p. 78, t. 72, f. 6.

Trochanteren der Hinterbeine ohne oder höchstens mit einem schmalen schwarzen Wisch auf der 1. Trochantere; beim ♂ Oberlippe hell oder höchstens mit schmalem dunklen Seitenwisch; beim ♀ 1. Cubitalzelle länger als bei *albicincta*, untere Vene geschweift und doppelt so lang wie der Zwischenraum von der Basis des Cubitus bis zur Basis der Basalis.

Macrophya albicincta (SCHRANK, 1776)

1. Trochantere der Hinterbeine in der Mitte schwarz, 2. Trochantere weiß oder mit schwarzem Längswisch; beim ♂ Oberlippe mehr geschwärzt, entweder Seiten und Basis schwarz oder ganz schwarz mit einem halbkreisförmigen, weißen Fleck am Vorderrand; beim ♀ 1. Cubitalzelle kürzer als bei *alboannulata*, untere Vene gerade und so lang wie der Zwischenraum von der Basis des Cubitus zur Basis der Basalis.

CHEVIN erwähnte auch ausführlich die Larven der beiden Arten. Demzufolge trägt bei *alboannulata* die Mitte des Oberkopfes und die Mitte des letzten Abdominaltergit einen schwarzen Fleck; bei Profilansicht der Tergite an der Basis der 2. Querfalte (also über dem Stigma), auf dem Substigmallappen und dem Suprapedallappen je ein schwarzer Fleck. Bei *albicincta* ist schwarz: ein kleiner Basalfleck in der Mitte des Kopfhinterrandes sowie ein dunkler Fleck über dem Stigma der 2. Querfalte.

Als Wirtspflanzen gibt CHEVIN folgende Angaben:
M. alboannulata: Sambucus ebulus L., nigra L., racemosa L.
M. albicincta: Sambucus ebulus L., nigra L., racemosa L., Valeriana officinalis L.

Bei der Überprüfung meines Sammlungsmaterials stellte ich fest, daß beide Arten in der DDR vorkommen, allerdings ist *albicincta* viel seltener als *alboannulata*.

Literatur:

CHEVIN, H., 1975: Ann. Soc. ent. Fr. (N. S.), 11 (2), pp. 253–260.

Register

1. Synonyme und infrasubspezifische Formen

2. Gültige Namen

ENTOMOLOGISCHE ABHANDLUNGEN
STAATLICHES MUSEUM FÜR TIERKUNDE IN DRESDEN

Band 41 | Ausgegeben: 12. September 1977 | Supplement

Die Argidae von Europa, Vorderasien und Nordafrika (mit Ausnahme der Gattung Aprosthema)

(Hymenoptera, Symphyta)

Mit 67 Figuren

W. HEINZ MUCHE
Radeberg

Schrifttum

ENSLIN, E., 1917: Deut. Ent. Zeitschr., Beihefte, pp. 590–612.
ERMOLENKO, W. M., 1975: Fauna Ukraini, pp. 7–122. Kiew.
GUSSAKOVSKIJ, W. W., 1935: Fauna SSSR, Nov. Sér. 1, Insectes Hyménoptères, T. II, Vol. 1 (Chalastogastra, P. 1).
KONOW, F. W., 1905: In Genera Insectorum (WYTSMAN), pp. 11–30.
MALAISE, R., 1941: Gattungstabelle der Blattwespen (Hym. Tenth.) der Welt. 1. *Arginae*. – Ent. Tidskr., Bd. **62**, pp. 131–140.

Familie **Argidae** KONOW

Hylotominae NEWMAN, 1834: Ent. Mag., p. 370.
Argini KONOW, 1890: Deut. Ent. Zeitschr., p. 230.

Fühler dreigliedrig; 3. Glied als Geißelglied (flagellum) verlängert, keulenförmig, gleichbreit oder gespalten; Radialzelle stets ungeteilt und die Analzelle des Vorderflügels entweder zusammengezogen oder gestielt; Kopf stets ohne Hinterrand.

Diese Familie ist über die ganze Erde verbreitet. Gegen 44 Gattungen sind beschrieben (MALAISE 1941); bis zu 500 Arten dürften von den *Argidae* bekannt sein. Aus Europa sind 40 Arten in 4 Gattungen bekannt geworden; in der gesamten Paläarktis sind es 12 Gattungen.

In dieser Bearbeitung werden neben den europäischen auch die asiatischen Arten berücksichtigt, die westlich vom Kaspischen Meer, in Nordiran und auch in Nordafrika vorkommen. Die vorderasiatischen Faunenkomplexe habe ich mit berücksichtigt, weil dieselben im Gegensatz zu den transkaspischen *Argidae* viele europäische Arten, aber relativ wenige Endemismen aufweisen.

Die Larven der Argidae sind freilebend, sie fressen speziell an Rosaceen, Betulaceen, Papilionaceen und Salicaceen. Einige Arten der Gattung Arge sind von ökonomischer Bedeutung, besonders *A. rosae* (L.) und *A. pagana* (PANZER), die mitunter an Rosa-Arten Kahlfraß verursachen können.

Zur Artdifferenzierung sind oft Genitalpräparate nötig. Gerade bei den männlichen Penisvalven ist die Bearbeitung oft schwierig, da die Valven häutig und leicht verschiebbar sind. Oft sind leicht sklerotisierte Seitendorne vorhanden, die sich leicht lösen oder verschieben. Zu empfehlen ist daher, möglichst mehrere Präparate anzufertigen.

Bestimmungstabelle der Gattungen

1 Hinterschiene ohne Supraapikaldorn. 2

— Hinterschiene im apikalen Drittel mit einem Seitendorn. Im Vorderflügel 4 Cubitalzellen, Analzelle weit zusammengezogen und mit geschlossener Basalzelle, Intercostalkreuzvene vorhanden, Radialzelle mit Anhangzelle (Fig. 3); Seitenfurchen des Postocellarfeldes flach, oft undeutlich. **Arge** SCHRANK

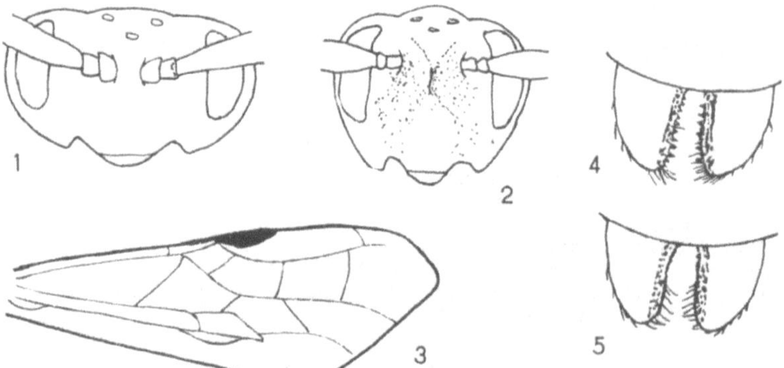

Fig. 1–5.
1: *Aprosthema*, Kopf (Vorderansicht) – 2: *Sterictophora*, Kopf (Vorderansicht) – 3: *Arge*, Vorderflügel – 4: *Arge melanchroa*, Sägescheide (von oben gesehen) – 5: *Arge cyanocrocea*, Sägescheide (von oben gesehen).

2 (1) Vorderflügel ohne Costalkreuzvene. 3

— Vorderflügel mit Costalkreuzvene; mit 2 geschlossenen Cubitalzellen, da die 2. Cubitalkreuzvene fehlt; Supraclypealfeld schwach gewölbt. **Kokujewia** KONOW

3 (2) Analzelle des Hinterflügels geschlossen. 4

— Analzelle des Hinterflügels fehlend; im Vorderflügel Analzelle gestielt, die geschlossenen Cubitalzellen fast gleichlang, Zwischenraum zwischen Basalis und Cubitus sehr lang; Scutellum flach, mit erhöhten Rändern, halbmatt. **Pseudaprosthema** GUSSAKOVSKIJ

4 (3) Im Vorderflügel Analzelle gestielt, breit zusammengezogen, mit Basalzelle; Supraclypealfeld in der Mitte stark kielartig; Kopf weniger quer (Fig. 2). **Sterictophora** BILLBERG

— Im Vorderflügel Analzelle gestielt, aber nur mit schwacher Andeutung einer Basalzelle; Supraclypealfeld in der Mitte nur mit Andeutung eines schwachen Kieles; Kopf von vorn viel breiter als hoch (Fig. 1). **Aprosthema** KONOW [1])

Arge SCHRANK

SCHRANK 1802: Fauna Boica, Bd. 2, p. 209.
Hylotoma LATREILLE, 1802: Hist. Nat. Ins., Bd. 3, p. 302;
Cryptus JURINE, 1807: Nouv. Méth. Class. Hym., p. 51.

Bestimmungstabelle der Arten

1 Am Abdomen wenigstens das 3. Segment oder die Unterseite hell gefärbt. 2
— Abdomen dunkel, höchstens die Hinterränder der mittleren Tergite hell, oder mittlere Segmente rot (♀ von *cingulata*). 27

2 (1) Thorax mit gelblicher oder rötlicher Färbung. 3
— Thorax schwarz, blau- oder grünmetallisch. 8

3 (2) Am Thorax nur Hinterecken des Pronotum rötlich oder gelblich. 4
— Thorax mit mehr rötlicher, gelblicher oder bräunlicher Zeichnung. 5

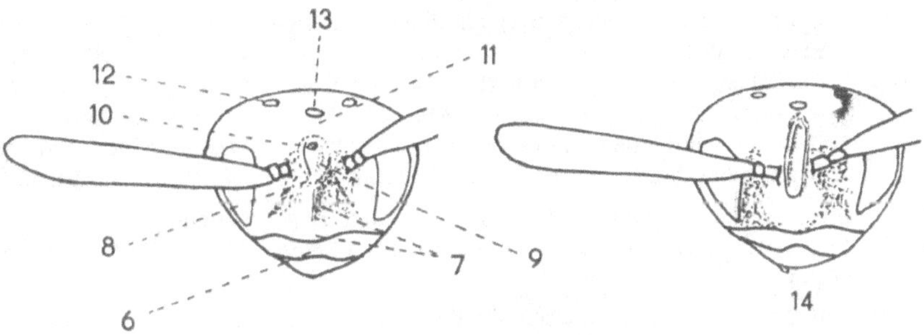

Fig. 6–14. Vorderansicht des Kopfes von *Arge*.
6: Clypeus – 7: Supraclypealfeld, gekielt – 8: Subantennalfeld – 9: Interantennalfeld – 10: Supraantennalfeld mit Supraantennalgrube – 11: Frontalfeld – 12: Postocelle – 13: Frontalocelle.
14: mit Frontal- und Subantennalfurche und ohne gekieltes Supraclypealfeld.

4 (3) Kopf und Thorax blauschwarz; Flügel klar mit nur leichter Trübung. **beckeri** (TOURNIER)
— Kopf und Thorax schwarz, ohne Metallglanz; Flügel gelblich. a/b
a) Schenkel und Fühler schwarz. **pyrenaica pyrenaica** (ANDRÉ)
b) Schenkel und Fühler gelb oder gelbbraun. **pyrenaica carinifrons** ENSLIN

[1]) Diese Gattung wurde abgehandelt von:
CONDE, O., 1934: Versuch einer Revision einiger mitteleuropäischer *Aprosthema*-Arten. – Fol. Zool. Hydr. (STRAND), Riga, pp. 20–30.
MUCHE, W. H., 1972: Beitrag zur Kenntnis der Argidae-Gattungen *Sterictophora* BILLBERG und *Aprosthema* KONOW (Hymenoptera). – Ent. Nachr. (Dresden), Band 16, Nr. 11, pp. 137–144.

5 (3) Mesonotum, Schildchen und Mesosternalfleck schwarz, ohne Metallglanz. 7
— Körper gelbrot; Kopf schwarz. 6

6 (5) Beine, Mesosternalfleck, Mitte des Schildchens und Sägescheide schwarz. **frivaldskyi** (TISCHBEIN)
— Oberlippe, Pronotum, Seitenlappen des Mesonotum, oberer Teil der Mesopleuren, Mittel- und Hinterhüften, Schenkel und Schienen und z. T. Tarsen gelb gezeichnet; Vorderflügel einfarbig rauchfarben. **pagana stephensi** (LEACH)

7 (5) Im Vorderflügel Costa, Subcosta und Stigma schwarz. **ochropus** (GMELIN)
— Im Vorderflügel Costa und Subcosta gelb; Stigma schwarz. **simulatrix** KONOW

8 (2) Flügel hell oder bräunlich, meist mit bräunlichem Substigmalfleck im Vorderflügel; wenn Flügel bräunlich, dann Costa und Subcosta meist rotgelb. 11
— Flügel schwärzlich, im Vorderflügel Stigma und Geäder schwarz. 9

9 (8) Wangenanhang gewöhnlich viel länger als das 2. Fühlerglied und Supraclypealfeld ohne deutlichen Kiel. 10
— Wangenanhang kürzer als das 2. Fühlerglied; Supraclypealfeld mit Mittelkiel; Vorderflügel dicht rauchfarben an der Basis, aber weniger an der Spitze; Kopf, Thorax und Beine ganz schwarz. **pagana pagana** (PANZER)

10 (9) 3. Cubitalzelle oben nicht länger als unten und kaum länger als die 2. Cubitalkreuzvene; POL = OOL. **tergestina** (KRIECHBAUMER)
— 3. Cubitalzelle oben länger als unten und doppelt so lang wie die 2. Cubitalkreuzvene; POL weniger als OOL; Abdomen gelb außer der schwarzen Sägescheide und den 2 gebräunten Basaltergiten des ♀; beim ♂ Oberseite des Abdomen schwarz außer den Seiten und des Apikaltergits. **stecki** BENSON

11 (8) Im Vorderflügel Geäder und Costa dunkel oder Flügel bräunlich getrübt. 12
— Im Vorderflügel Costa und Subcosta gelblich; Flügel hell, gelblich oder gelbbräunlich. 18

12 (11) Flügel hell mit z. T. schwarzem Geäder und mit oder ohne dunklem Substigmalfleck im Vorderflügel; Beine und Abdomen gelb; schwarz sind: Hüften, Spitzen der Tibien, Tarsen und Sägescheidenspitze. 13
— Flügel manchmal bräunlich, meist mit Substigmalfleck; Schenkel außer den Spitzen schwarz. 15

13 (12) Flügel gelblich; Kopf und Thorax schwarz ohne Metallglanz. 14
— Flügel klar; Kopf und Thorax mit blauem Metallglanz. (siehe Nr. 4) **beckeri** (TOURNIER)

14 (13) Fühler schwarz; Vorderrand des Clypeus tief ausgerandet; Supraclypealfeld ohne deutlichen Kiel. (siehe Nr. 4) **pyrenaica pyrenaica** (ANDRÉ)
— Beim ♀ 3. Fühlerglied rotgelb, beim ♂ an der Basis und Spitze schmal geschwärzt; Vorderrand des Clypeus schwach ausgerandet; Supraclypealfeld mit deutlichem Kiel. (siehe Nr. 4) **pyrenaica carinifrons** ENSLIN

15 (12) Metallisch blau; Abdomen in der Mitte oder an der Basis gelb oder rot. 17
— Schwarz, ohne Metallglanz; Abdomen braunrötlich, Sägescheide schwarz; Flügel bräunlich. 16

16 (15) Postocellarfeld nicht konvex, ohne deutliche Seitenfurchen; Schienen und Tarsen hell rötlichgelb, Schienenspitzen dunkel. **fuscipennis** (HERRICH-SCHAEFFER)

— Postocellarfeld konvex, mit deutlichen Seitenfurchen; Schienen rotgelb, Hinterschienenspitze schwarz, beim ♀ Tarsen schwarz. **persica** GUSSAKOVSKIJ

17 (15) Stirn über den Fühlern ohne 2 übereinander liegende Gruben; Interantennalfurche vorhanden; Beine teilweise hell; Supraclypealfeld scharf gekielt; Kopf hinter den Augen erweitert; Segmente des Abdomen rotgelb gerändert. **dimidiata flavomixta** (ANDRÉ)

— Stirn über den Fühlern mit 2 übereinander liegenden Gruben; ohne Interantennalfurche; Beine schwarz, Vorderschienen bräunlich. **impressifrons** KONOW

18 (11) Vorderflügel wenigstens an der Basis gelblich, mit Poststigmalfleck oder Substigmalbinde. 19

— Vorderflügel klar oder mit nur geringer gelber Basalhälfte; ohne Poststigmalfleck oder Substigmalbinde. **scita** (MOCSÁRY)

19 (18) Spitzenhälfte der Vorderflügel klar oder gelblich. 20

— Spitzenhälfte der Vorderflügel gräulich getrübt, mit dunkler Substigmalbinde. **cyanocrocea** (FÖRSTER)

20 (19) Am Abdomen 1. Tergit nicht schwarz. 24

— Am Abdomen 1. Tergit schwarz. 21

21 (20) Sägescheide schwarz; im Vorderflügel Zwischenraum der Basalis und Cubitus kürzer als die Intercostalkreuzvene. 22

— Abdomen außer dem 1. Tergit ockergelb; Vorderflügel mit undeutlichem Substigmalfleck; Zwischenraum zwischen Basalis und Cubitus mindestens so lang wie die Intercostalkreuzvene. (siehe Nr. 18) **scita** (MOCSÁRY)

22 (21) Der braune Substigmalfleck des Vorderflügels dehnt sich meistens auf die 2. Cubitalzelle und auf die Basis der Radialzelle aus. 23

— Substigmalfleck des Vorderflügels undeutlich. (siehe Nr. 18 und 21) **scita** (MOCSÁRY)

23 (22) Hinterschiene und Tarsen meist ganz gelb. **dimidiata** (FALLÉN)

— Hinterschienenspitze und Tarsen schwarz. **melanchroa melanchroa** (GMELIN)

24 (20) Schienen und Tarsen meist ganz hell. 25

— Beine stets ganz schwarz. (siehe Nr. 5) **frivaldskyi** (TISCHBEIN)

25 (24) Zwischenraum zwischen Basalis und Cubitus viel kürzer als die Intercostalkreuzvene. 26

— Zwischenraum zwischen Basalis und Cubitus mindestens so lang wie die Intercostalkreuzvene. (siehe Nr. 18, 21 und 22) **scita** (MOCSÁRY)

26 (25) An den Hinterbeinen Schienenspitze und Tarsen schwarz; Supraclypealfeld gewölbt, ohne deutlichen Kiel; Abdomen außer der Sägescheide gelb. (siehe Nr. 23) **melanchroa melanchroa** (GMELIN)

— An den Hinterbeinen Schienenspitze und Tarsen rotgelb bis schmutziggelb; Supraclypealfeld mit Mittelkiel (oft etwas undeutlich). **caucasica** TOURNIER

27 (1) Thorax ohne rote Färbung. 29

— Thorax mit roter Färbung. 28

28 (27) Nur beim ♀ Mesonotum rot; mit deutlicher Postocellarfurche; Clypeus tief ausgerandet. **thoracica** (SPINOLA)

— Gelbrot sind beim ♀: Pronotum, Mesonotum (meist nur Mesoscutum), Tegulae, Schildchen, größtenteils die Mesopleuren; beim ♂ die Hinterecken des Pronotum. **pleuritica** (KLUG)

29 (27) Kopf und Mesopleuren mit vorherrschend heller Behaarung; Flügel hell. 37

— Kopf und Thorax schwarz behaart; Flügel meist dunkel; Beine dunkel gefärbt. 30

30 (29) Beim ♀ Sägescheide muschelförmig, beim ♂ Tergite des Abdomen ohne Querrunzelung. 31

— Beim ♀ Sägescheide zangenförmig, beim ♂ Oberseite des Abdomen mit feiner, aber wahrnehmbarer Querrunzelung. **berberidis** (KLUG)

31 (30) Postocellarfeld nicht erhaben. 32

— Postocellarfeld über den Ocellen gewölbt; im Vorderflügel 3. Cubitalzelle oben breiter als unten. **pullata** (ZADDACH)

32 (31) Zwischenraum zwischen Basalis und Cubitus sehr kurz. 33

— Zwischenraum zwischen Basalis und Cubitus mindestens so lang wie die Intercostalkreuzvene; Seitenkiele der Subantennalfurche verlaufen erst am Supraclypealfeld zusammen. (siehe Nr. 28) **thoracica** (SPINOLA)

33 (32) Hinterschiene schwarz, höchstens bräunlich. 34

— Hinterschiene hell mit schwarzbrauner Spitze und braunem Ring über der Mitte; Supraclypealfeld kurz unterhalb der Subantennalfurche dachförmig, ohne Kiel; Kopf hinter den Augen erweitert. **annulata** KONOW

34 (33) Im Vorderflügel 3. Cubitalzelle oben nicht breiter als unten. 35

— Im Vorderflügel 3. Cubitalzelle oben breiter als unten. **gracilicorne** (KLUG)

35 (34) Im Vorderflügel 3. Cubitalkreuzvene nach außen gebogen; Interantennalfurche vorn nicht zusammenlaufend, Seitenkiele im dachförmigen Subantennalfeld verschwunden. 36

— 3. Cubitalkreuzvene gerade; Interantennalfurche breit, mit Diskalgrübchen, Seiten gekielt, im Subantennalfeld zusammenlaufend; Supraclypealfeld nicht gekielt. **enodis** (LINNÉ)

36 (35) Schienen, besonders die Hinterschienen, mehr oder weniger, besonders an der Spitze, leicht gebräunt oder bräunlich durchscheinend; Flügel dunkel. **nigripes nigripes** (RETZIUS) [siehe auch *clavicornis* var. *fuscipes* (FALLÉN)]

— Beine ganz schwarz; Flügel ganz hell außer einem dunklen Fleck an der Basis der Radialzelle. **nigripes alpina** (KONOW)

37 (29) Körper mit Metallglanz, oder Kopf hinter den Augen nicht erweitert; Supraclypealkiel mindestens stumpf. 38

— Körper schwarz ohne Metallglanz; Interantennalfurche scharf gekielt, nach dem Subantennalfeld verschwindend, konvex, ohne Supraclypealkiel; Kopf hinter den Augen erweitert. **rustica** (LINNÉ)

38 (37) Abdomen ohne orangefarbene Zeichnung. 39

— Am Abdomen die mittleren Tergite mehr oder weniger mit orangefarbenem Hinterrand. (siehe Nr. 17) **dimidiata flavomixta** (ANDRÉ)

39 (38) Flügel gelblich; wenn klar, dann Costa, Vorderrand der Subcosta und Basis der Analis hell. 44

— Flügel hell; im Vorderflügel Venen in der Basalhälfte und Stigma dunkel. 40

40 (39) Clypeus am Vorderrand tief ausgeschnitten; Zwischenraum zwischen Basalis und Cubitus sehr kurz. 41

— Clypeus am Vorderrand sehr flach ausgeschnitten. **cingulata** JAKOVLEV

41 (40) Vorderflügel ohne deutlichen Substigmalfleck. 42

— Vorderflügel mit deutlichem Substigmalfleck; Zwischenraum zwischen Basalis und Cubitus sehr kurz; Supraclypealkiel undeutlich. **clavicornis** (F.)

a) Ohne bis zur Analzelle reichende Substigmalbinde im Vorderflügel. b

— Bis zur Analzelle reichende Substigmalbinde im Vorderflügel. **clavicornis** var. **seljuki** BENSON

b) Im Vorderflügel Costa schwarz; ♂ mit ganz schwarzer Hinterschiene; Behaarung auf Kopf und Thorax meist braun. **clavicornis** var. **fuscipes** (FALLÉN)

— Im Vorderflügel beim ♀ Costa und Subcosta am Vorderrand hell; beim ♂ Basis der Hinterschiene weiß; Behaarung auf Kopf und Thorax meist greis. **clavicornis** var. **expansa** (KLUG)

42 (41) Im Vorderflügel Stigma dunkel. 43

— Im Vorderflügel Stigma hell; Subantennalfurche in den Supraclypealkiel übergehend. **pallidinervis** GUSSAKOVSKIJ

43 (42) Im Vorderflügel 3. Cubitalzelle relativ lang; auch Hinterschiene fast gänzlich schwarz. (siehe Nr. 36) **nigripes alpina** (KONOW)

— Im Vorderflügel 3. Cubitalzelle relativ kurz; Hinterschiene mehr oder weniger weiß. **ciliaris** (L.)

44 (39) Beine mehr oder weniger hell. 46

— Beine ganz schwarz. 45

45 (44) Vorderflügel mit bräunlicher Substigmalbinde; Behaarung auf Kopf und Thorax goldfarben. **aurata** (ZADDACH)

— Vorderflügel mit kleinem Poststigmalfleck. **auripennis** KONOW

46 (44) Im Vorderflügel Stigma ganz oder zum größten Teil dunkel. 47

— Vorderflügel mit gelblichem Stigma. 48

47 (46) Vorderflügel mit deutlichem Substigmalfleck. (siehe Nr. 41) **clavicornis** var. **expansa** (KLUG)

— Vorderflügel beim ♀ mit breiter brauner Substigmalbinde, beim ♂ Binde kurz oder aufgelöst. **metallica** (KLUG)

48 (46) Vorderflügel mit Substigmalfleck. 49

— Vorderflügel ohne Substigmalfleck. **pallidinervis** GUSSAKOVSKIJ

49 (48) Im Vorderflügel Costa dunkel; beim ♀ Fühler mehr oder weniger braun. **fuscinervis** LINDQVIST

— Im Vorderflügel Costa meist hell; beim ♀ Fühler meist schwarz. **ustulata** (LINNÉ)

Arge beckeri (TOURNIER)

Hylotoma beckeri TOURNIER, 1889: Ent. Genéve, Bd. 1, p. 12; *Hylotoma rufescens* ZADDACH, 1863, nec DRAPIEZ, 1819; *pallipes* KRIECHBAUMER, 1892: Ent. Nachr. (Berlin), Bd. 18, p. 98.

Kopf und Thorax blauschwarz; gelbbraun sind die Hinterecken des Pronotum (beim ♂ jedoch oft sehr reduziert bzw. erloschen); Abdomen (außer beim ♀ die Spitze der Säge-

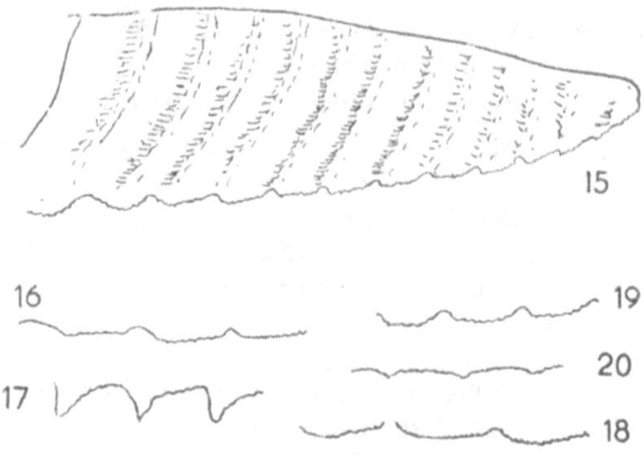

Fig. 15–20.
15: *Arge stecki*, Sägevalve – 16: *Arge fuscipennis* – 17: *Arge tergestina* – 18: *Arge stecki* – 19: *Arge ciliaris* – 20: *Arge nigripes*. (15–20: nach BENSON; 16–20: 9.–11. Zahn der Sägevalve, von der Spitze ab)

scheide) gelb. Beine gelb; schwarz sind: Hüften, Trochanteren, oft mehr oder weniger die Basis der Schenkel, Spitzen der Tarsenglieder; Schienen mitunter gelbbraun, Fühler oft gebräunt.

Clypeus flach ausgerandet; Wangenanhang wenig länger als der Durchmesser des Frontalocellus; Supraclypealfeld leicht gewölbt, runzlig punktiert, ohne Kiel; Interantennalfurche fast nur als Supraantennalgrube ausgebildet, subantennal vollkommen abgeflacht; POL:OOL:OCL = 2,5:2,5:2; Postocellarfeld über den Ocellen erhaben, doppelt so breit wie lang; Kopf hinter den Augen erweitert; Kopf und Thorax hell bräunlich behaart; Sägescheide doppelt so breit wie Hinterschienenspitze. Penisvalve siehe Fig. 44. Flügel klar; mit nur leichtem, trüben Anflug; im Vorderflügel Geäder und Stigma schwarz, Zwischenraum zwischen Cubitus und Basalis kürzer als die Intercostalkreuzvene, 3. Cubitalkreuzvene meist wenig gebogen.

Länge: 8–10 mm. Biologie unbekannt.

Ungarn, Südosteuropa, Anatolien, Ukraine, Krim, Kaukasus.

Arge pyrenaica pyrenaica (ANDRÉ)

Hylotoma pyrenaica ANDRÉ, 1879: Spec. Hym. Ent., Bd. 1, p. 48; *Arge soror* KONOW, 1890: Wien. Ent. Zeit., Bd. 9, p. 8.

Kopf und Thorax schwarz, ohne deutlichen Metallglanz. Gelb ist (außer beim ♀ die Sägescheide) das Abdomen; bei der var. *modesta* KONOW auch das Pronotum, mitunter mehr oder weniger das 3. Fühlerglied. Beine gelb; schwarz sind: Hüften, Trochanteren, selten die Basis der Schenkel, Schienenspitzen und Gliederspitzen der Tarsen. KONOW (1895: Wien. Ent. Zeit., Bd. 14, p. 71) erwähnte aus Algier eine Variante (var. *nigripes*) mit dominierend schwarzen Beinen.

Clypeus am Vorderrand tief ausgerandet, mit breiten Seitenecken; Wangenanhang meist wenig kürzer als der Durchmesser der Frontalocelle; Supraclypealfeld (ziemlich gleichmäßig) gewölbt, fein und dicht punktiert, ohne Kiel; mit flacher, glatter Frontal-Supraantennalfurche, Supraantennalgrube tief; Subantennalrinne sehr flach, punktiert, mit gekielten Seitenrändern; Postocellarfeld doppelt so breit wie lang; POL:OOL:OCL = 1,5–1,7:1,8–2,2:0,6–1,0; Kopf hinter den Augen beim ♀ erweitert, beim ♂ parallel; Kopf und Thorax dunkel behaart; Sägescheide beim ♀ so breit wie die Hinterschienenspitze; Sägevalve siehe Fig. 28, Penisvalve siehe Fig. 46. Flügel gelblich oder leicht grau, Spitzenhälfte aufgehellt; im Vorderflügel Stigma, Costa, Subcosta und Intercostalfeld schwarz, Zwischenraum zwischen Basalis und Cubitus maximal so lang wie die Intercostalkreuzvene, 3. Cubitalkreuzvene meist schwach gewölbt.

Länge: 7–10 mm. Larve an Rosa vorkommend.

Alpine Art: Mittel- und Südeuropa, Sardinien, Anatolien, Kaukasus, Transkaukasus, Nordural, Mongolei, Mittelasien bis Sibirien, Nordafrika.

Arge pyrenaica carinifrons ENSLIN **stat. n.**

Arge carinifrons ENSLIN, 1917: Deut. Ent. Zeitschr., Beihefte, pp. 607–608.

Unterscheidet sich von *p. pyrenaica* (ANDRÉ) durch die gelben Schenkel und die mehr oder weniger gelbbraunen Fühler. Genitalmorphologisch besteht zwischen *p. pyrenaica* und *p. carinifrons* keinerlei Differenz. Die von ENSLIN erwähnte Ausrandung des Vorderrandes vom Clypeus ist bei *p. carinifrons* variabel, denn sowohl flache als auch tiefe Ausrandungen konnte ich feststellen.

Bei den Untersuchungen standen mir Exemplare der f. typica zur Verfügung, die ich im Nordkaukasus, Umgebung von Zhelesnovodsk, im Juni/Juli 1966 gefangen habe. Als weitere Fundorte sind bekannt: Stawropol und Kuban, Daghestan und (ohne genaue Fundortangabe) Georgien. Demzufolge dürfte *p. carinifrons* im Gegensatz zu *p. pyrenaica* wohl kein sicheres Gebirgstier sein. Ferner sind die beiden Unterarten dadurch getrennt, daß ich selbst sie nicht vermischt vorfand, sondern diese nur geographisch getrennt sammeln konnte. Die subspezifische Trennung erscheint mir demzufolge gerechtfertigt.

Bestimmungstabelle der Unterarten

1 Schenkel (mehr oder weniger) und Fühler schwarz. 2

— Schenkel und Fühler gelbbraun. Kaukasus. **pyrenaica carinifrons** ENSLIN

2 (1) Im Vorderflügel Stigma, Costa, Vorderrand der Subcosta, Intercostalfeld schwarz; Behaarung auf Kopf und Thorax dunkelbraun. Locus typicus: Pyrenäen, Südeuropa, Nordafrika, Kleinasien, Kaukasusländer. **pyrenaica pyrenaica** (ANDRÉ)

— Im Vorderflügel Costa, Vorderrand der Subcosta, z. T. Stigma, Intercostalfeld gelb; Behaarung auf dem Thorax (stets auf dem Oberkopf) z. T. hell bzw. greis; Penisvalve siehe Fig. 63. Locus typicus: Sibirien, Irkutsk. Holo- und Paratypus (2 ♂♂) im Institut für Pflanzenschutzforschung, Eberswalde. **pyrenaica luteola ssp. n.**

Die breite Palette der Fundorte von *A. pyrenaica* bedarf gewiß einer weiteren Nachprüfung.

Arge frivaldskyi (TISCHBEIN)

Hylotoma frivaldskyi TISCHBEIN, 1853: Ent. Zeit. Stettin, Bd. 13, p. 107.

Gelbrot. Die schwarzen Teile sind ohne Metallglanz. Kopf und Beine sind schwarz; beim ♀ sind es Mesosternalfleck, Mitte des Metanotum, Schildchen (mehr oder weniger) und Sägescheide; beim ♂ ist der Thorax ganz schwarz.

Clypeus deutlich ausgerandet; Wangenanhang so lang wie das 2. Fühlerglied; Supraclypealfeld mit schwachem, kurzem Kiel; Supra- und Subantennalfurche breit, beim ♀

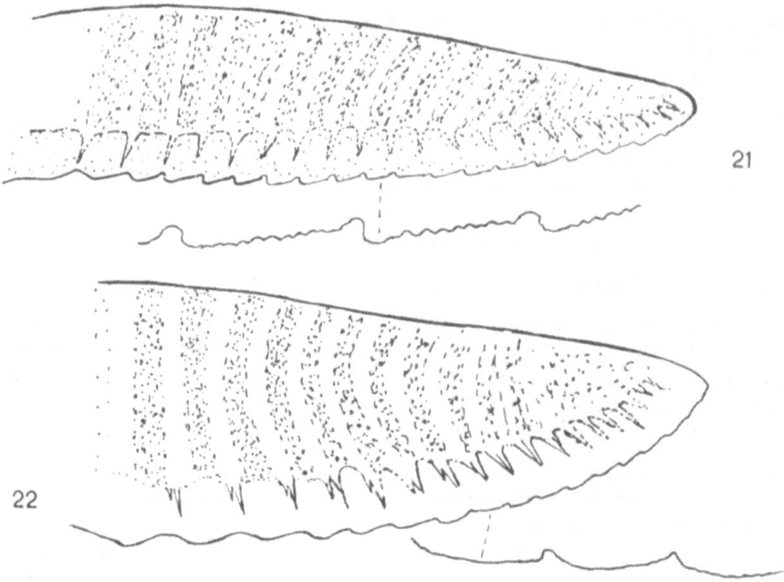

Fig. 21–22. *Arge aurata*, Sägevalve (21) und *Arge ustulata*, Sägevalve (22).

interantennal verbreitert, flach, beiderseits gekielt, fast bis zum Supraclypealkiel reichend; beim ♂ Supra- und Subantennalfurche fast parallel, vor dem Supraclypealkiel verengt und in diesen einmündend. ♀: POL:OOL:OCL = 2,0:2,0:1,5; ♂: 1,5:1,8:1,2. Postocellarfeld reichlich doppelt so breit wie lang; Kopf hinter den Augen fast parallel; Oberkopf greis, Thorax gelblich behaart. Penisvalve siehe Fig. 56. Flügel leicht gelbbräunlich bis bräunlich; im Vorderflügel Costa und Subcosta gelb, Stigma dunkel mit meist aufgehellter Umgebung, Substigmalfleck schwach und dunkel; Zwischenraum zwischen Basalis und Cubitus so lang wie die Intercostalkreuzvene oder wenig kürzer, 3. Cubitalkreuzvene oben etwas nach außen laufend, dadurch ist die 3. Cubitalzelle oben breiter als unten.

Länge: 8–9 mm. Biologie unbekannt.

Ungarn, Bulgarien, Griechenland, Anatolien, Transkaukasus, Kaukasus.

Arge pagana (PANZER)

Tenthredo pagana PANZER, 1798: Fauna Ins. Germ., Bd. 5, p. 16; *tricolor* GMELIN, 1790: Proc. Linn. Syst. Nat., Vol. 1, p. 2657 (?); *Arge ciliaris* SCHRANK, 1802: Fauna Boica, Bd. 2, p. 227; *Tenthredo nigripennis* PANZER, 1804: Syst. Nomencl., p. 168; *Hylotoma flaviventris* FALLÉN, 1807: Svensk. Akad. Handl., Bd. 28, p. 202.

Arge pagana pagana (PANZER)

BENSON 1939: Proc. R. Ent. Soc. Lond., Vol. 8, part 6, p. 114?

Schwarz mit schwachem Metallglanz; Abdomen gelb, im Segment oft mehr oder weniger geschwärzt; Beine schwarz, z. T. leicht gebräunt.

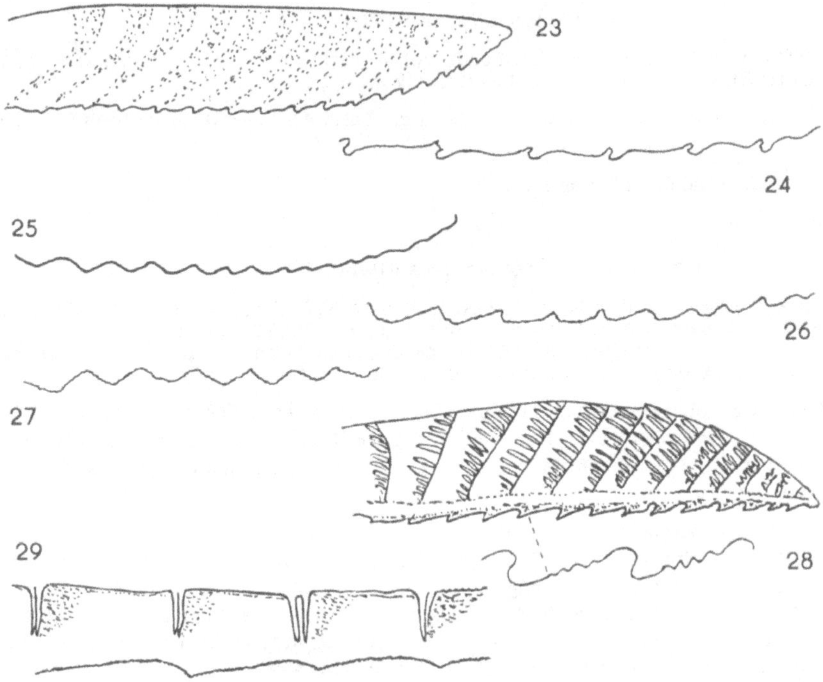

Fig. 23–29.
23: *Arge scita*, Sägevalve – 24: *Arge scita*, 9.–14. Zahn der Sägevalve (von der Spitze ab) – 25: *Arge melanchroa*, 1.–15. Zahn der Sägevalve (von der Spitze ab) – 26: *Arge cingulata*, 1.–9. Zahn der Sägevalve (von der Spitze ab) – 27: *Arge gracilicorne*, 9.–15. Zahn der Sägevalve (von der Spitze ab) – 28: *Arge pyrenaica*, Sägevalve – 29: *Arge berberidis*, 7.–10. Zahn der Sägevalve (von der Spitze ab).

Clypeus am Vorderrand bogenförmig ausgerandet; Wangenanhang nicht so lang wie der Durchmesser des Frontalocellus; Supraclypealfeld stumpf gekielt; Frontal-Subantennalfurche beim ♂ schmal und tief mit Seitenkielen, beim ♀ verbreitert und meist subantennal verkürzt. POL:OOL:OCL = (♂) 1,5:1,5:0,7; (♀) 1,2:1,5–2,0:1,0. Postocellarfeld ca. 3–3,5mal so breit wie lang; Thorax und Kopf braun behaart; Flügel schwärzlich getrübt, im Vorderflügel Stigma und Geäder schwarz.

Länge: 7–9,5 mm. Larve an Rosa vorkommend, oft Kahlfraß verursachend.

Europa außer England, Nordasien bis Kamtschatka.

Arge pagana stephensi (LEACH)

BENSON 1939: Proc. R. Ent. Soc. Lond., Vol. 8, part 6, p. 114?; var. *stephensi* LEACH, 1817: Zool. Misc., Bd. 3, p. 123.

Larve an Rosa vorkommend.

Verbreitet in Südengland.

Arge tergestina (KRIECHBAUMER)

BENSON 1939: Proc. R. Ent. Soc. Lond., Vol. 8, part 6, p. 114?; *Hylotoma tergestina* KRIECHBAUMER, 1876: Verh. Zool. bot. Ges. Wien, Bd. 26, p. 13.

Diese Art unterscheidet sich besonders durch die Form der Sägezähnelung beim ♀ (siehe Fig. 17).

Larve höchstwahrscheinlich an Rosa.

Italien: Istrien.

Arge ochropus (GMELIN)

Tenthredo ochropus GMELIN, 1790: Proc. Linn. Syst. Nat., Vol. 3, p. 170; *Tenthredo rosae* LINNÉ, 1758: Syst. Nat., (ed. 10), Bd. 1, p. 557; *cuprea* PREYSSLER, 1793: Samml. Aufs., Bd. 3, p. 170; *Arge rosincola* SCHRANK, 1802: Fauna Boica, Bd. 2, p. 228; *Hylotoma rosarum* KLUG, 1812: Mag. Ges. Naturf. Berlin, Bd. 6, p. 292.

Schwarz. Gelb sind: Pronotum, Mesopleuren und Abdomen außer der Spitze der Sägescheide, meistens die Tegulae, Hinterschienenspitze, Tarsenendglieder, zumeist die Basis der Hüften oder Schenkel; beim ♂ sind die Fühler meist gelbbraun und auch die Spitzen der Mittelschienen schwarz.

Clypeus tief ausgerandet; Wangenanhang meist wenig länger als die Frontalocelle; Supraclypealfeld gewölbt, ohne Kiel; Frontal- und Interantennalfurche breit, nach vorn sehr abgeflacht und in das dachförmige Supraclypealfeld übergehend; POL:OOL:OCL = 2,0:2,3:1,3; Postocellarfeld reichlich doppelt so breit wie lang; Kopf hinter den Augen beim ♂ parallel, beim ♀ erweitert. Penisvalve siehe Fig. 47, aus Turkestan siehe Fig. 61. Im Vorderflügel Costa, Subcosta, Stigma und Intercostalzelle schwarz; Zwischenraum zwischen Basalis und Costa kürzer als die Intercostalkreuzvene; 3. Cubitalkreuzvene gebogen, oben meist erweitert.

Länge: 7–10 mm. Larve an Rosa vorkommend, sehr oft Kahlfraß verursachend.

Europa, Kleinasien, Kaukasus, Transkaukasus, Mittelasien bis Sibirien.

MALAISE, R. und R. BENSON, 1934: The Linnean Types of Sawflies (Hymenoptera, Symphyta). – Ark. Zool., Bd. 26 A, No. 20, pp. 7–8:

„**Tenthredo rosae** L., 1758, p. 557, no. 21

1 ♀ *Athalia colibri* CHRIST. labelled ‚rosae' agrees with the description, which reads: ‚Tenthredo antennis septemnodis, corpore flavo, costa alarum superiorum longitudinali nigra Fn Suec, 929; Roes. Ins. 2. . .' It is interesting that in the type the two distal segments of the flagellum are fused together, so that the normally 8-segmented flagellum of *Athalia* is in this case 7-segmented.

If we turn to the fuller descriptions of this species in Fauna Suecia 1746 and 1761 we find: ‚Thorax flavus, in medio tergi et medio sterni niger' which apparently means that the dorsum of the thorax is banded with black but is red in front and behind, the characteristic colour pattern of *Athalia colibri* CHRIST. The ‚in medio sterni niger' is difficult to explain as the sternum of *A. colibri* CHRIST. is not marked with black; it refers probably to another specimen in the collection 1 ♀ *Arge rosae* auct., which however cannot possibly be the type as the flagellum of the antenna in this species is unsegmented and the whole dorsum of the thorax is black. Besides these specimens there are also in the collection,

1 ♀ *Pteronidea pavida* LEP., 2 ♀ *Pteronidea ribesii* SCOP., labelled ,Anglia Jones', 1 ♀ *Trichiocampus viminalis* FALLÉN, 1 ♀ *Monophadnus spinolae* KLUG, but none of these has ,costa alarum superiorum longitudinali nigra', and cannot possibly be types; they were probably added to the collection later.

Therefore *Athalia colibri* CHRIST. becomes *Athalia rosae* L., nec auct., and *Arge rosae* auct., nec L., becomes *Arge ochropa* GMELIN 1790."

GUSSAKOVSKIJ (1934: Fauna SSSR, Inst. zool. Acad. Sci., N. S. 1, p. 408) äußerte hierzu:

„Nach BENSON und MALAISE muß der Name *rosae* L. durch *ochropus* GMEL. (oder sogar ,*ochropa*', wie sie schreiben!) ersetzt werden, da jetzt als Type in LINNÉ's Sammlung ein Stück von *Athalia colibri* CHRIST. steht – diese soll also jetzt *Athalia* rosae heißen. Da aber einige Punkte von LINNÉ's Beschreibung nicht gut zu *Athalia colibri* CHRIST. passen (wie BENSON und MALAISE selbst schreiben), erlaube ich mir, diese unangenehme Nomenklaturveränderung nicht zu akceptieren, und empfehle den Spezialisten, die beiden Benennungen in ihrem traditionellen Sinne als nomina conservanda zu behalten."

Unterdessen hat der Name *Arge ochropus* GMELIN Priorität erlangt und Kommentare sind überflüssig. In dieser Angelegenheit sei nur gesagt, daß es sehr bedauerlich ist, daß solche ausgezeichneten Werke wie die Faunenbände von GUSSAKOVSKIJ in so kleiner Auflage erschienen sind und dadurch vielen Symphyten-Spezialisten unzugänglich bleiben.

Arge simulatrix KONOW

Arge simulatrix KONOW, 1887: Wien. Ent. Zeit., Bd. 6, p. 20.

Gelb. Schwarz sind: Kopf, beim ♂ mehr oder weniger die Unterseite der Fühler, bei ♀♂ die Oberseite des Thorax außer Pronotum und Tegulae, die schwarzen Teile ohne Metallglanz. Beine gelb mit schwarzer Hinterschienenspitze und schwarzen Tarsengliedern.

Wangenanhang beim ♀ so lang wie der Durchmesser einer Ocelle, beim ♂ wie der halbe Durchmesser einer Frontalocelle; Frontal- und Subantennalfurche sehr flach und breit mit Seitenkielen; Supraclypealfeld beim ♂ breit dachförmig, beim ♀ mehr gleichmäßig gewölbt; POL:OOL:OCL = 1,5:2,0:1,3; Postocellarfeld ungefähr 3mal so breit wie lang; Sägescheide doppelt so breit wie die Hinterschienenspitze. Penisvalve siehe Fig. 57. Flügel im basalen Teil bis zum Stigma gelb, Spitzenteil hellgrau; im Vorderflügel Costa und Subcosta gelb, Stigma und Intercostalfeld mehr oder weniger schwarz, vor dem Stigma ein dunkler Basalfleck, Basalis in die Basis des Cubitus mündend.

Länge: 7–10 mm. Biologie unbekannt.

Griechenland, Kleinasien, Transkaukasus.

Arge stecki BENSON

Arge stecki BENSON, 1939: Proc. R. Ent. Soc. London, Vol. 8, part 6, p. 114.

Kopf und Thorax blauschwarz. Beim ♀ Abdomen gelb, dunkel ist das 1. und 2. Tergit, Sägescheide schwarz; beim ♂ Oberseite des Abdomen schwarz, außer den Seitenrändern und dem Apikaltergit.

Supraclypealfeld gewölbt, ohne deutlichen Mittelkiel; Supra- und Subantennalfurche ziemlich flach, mit scharfen Seitenteilen. POL:OOL = 1,4:1,7. Kopf hinter den Augen beim ♀

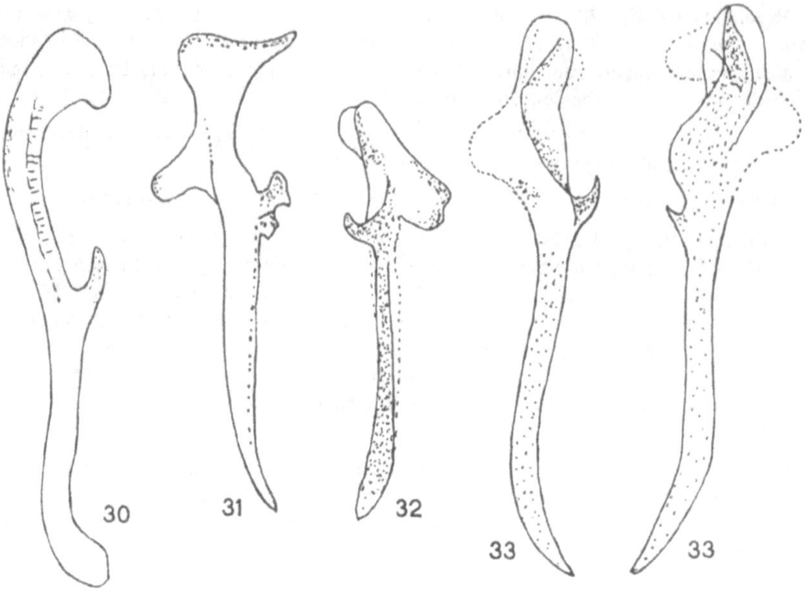

Fig. 30–33.
30: *Arge scita*, Penisvalve – 31: *Arge aurata*, Penisvalve – 32: *Arge ciliaris*, Penisvalve – 33: *Arge dimidiata*, Penisvalven.

stark erweitert. Flügel sehr dunkel, speziell die Basis der Vorderflügel; Stigma, Costa und Geäder schwarz; die 3. Cubitalkreuzvene oben etwas nach außen erweitert. Sägevalve siehe Fig. 15+18.

Länge: 7 mm. Biologie unbekannt.

Schweiz: Valais, Val d'Herens, Ferpecle.

Diese Art ähnelt *pagana* (PANZER) und *tergestina* (KRIECHBAUMER), unterscheidet sich aber durch die im Bestimmungsschlüssel angeführten Merkmale.

Arge fuscipennis (HERRICH-SCHAEFFER)

Hylotoma fuscipennis HERRICH-SCHAEFFER, 1833: Fauna Ins. Germ., p. 129.

Schwarzblau; Abdomen orangefarben. Schwarz sind: 1. Tergit, beim ♀ die Sägescheide, beim ♂ mehr oder weniger die Unterseite des Abdomen. Beine schwarz, Schienen und Tarsen rotgelb.

Supraclypealfeld erhaben, ohne deutlichen Kiel. ♀: POL:OOL:OCL = 1,5:2,5:1,8; ♂: 1,5:2:1,2. Postocellarfeld 3mal so breit wie lang; Fühler beim ♀ kürzer als der Thorax, beim ♀ nach der Spitze zu schwach erweitert, beim ♂ parallel; Kopf und Thorax graubraun behaart. 9.–11. Zahn der Sägevalve von der Spitze ab siehe Fig. 16. Penisvalve siehe Fig. 62. Flügel bräunlich, die Spitze aufgehellt; im Vorderflügel Stigma dunkelbraun, Costa beim ♀ meist bleich, Substigmalfleck oft in die Substigmalbinde übergehend, 3. Cubital-

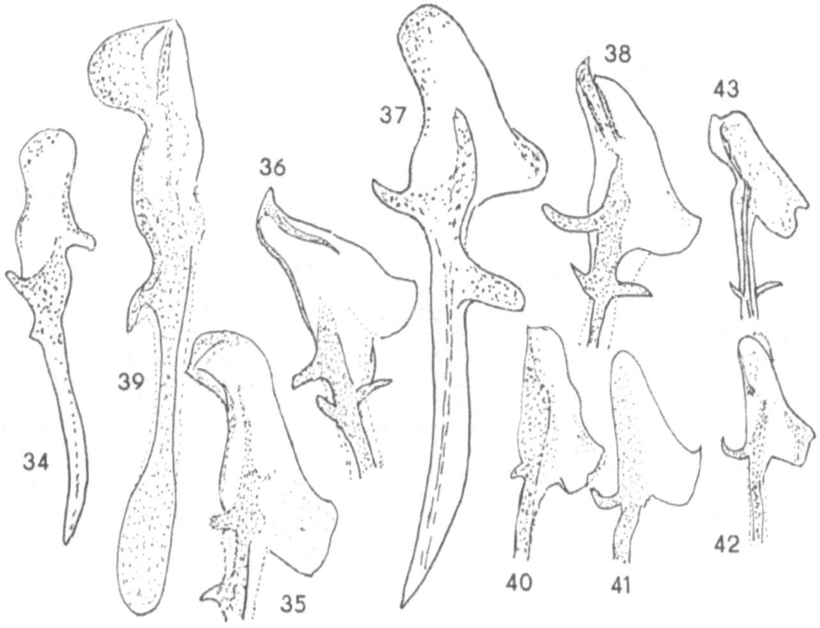

Fig. 34–43.
34: *Arge berberidis*, Penisvalve – 35–38: *Arge ustulata*, Penisvalven (Variationsreihe) – 39: *Arge ustulata*, Penisvalve (deformiert) – 40–43: *Arge nigripes*, Penisvalven (Variationsreihe).

kreuzvene schwach gebogen, Zwischenraum zwischen Basalis und Cubitus punktförmig.

Länge: 8–10 mm. Larve an Solidago und Lythrum.

Europa; UdSSR: Orenburg, Mittelasien?

Arge persica GUSSAKOVSKIJ

GUSSAKOWSKIJ 1935: Fauna SSR, N. S. 1, T. II, Vol. 1, pp. 242, 243.

♀♂. Kopf und Thorax schwarz mit Metallglanz; Abdomen rot, Spitze der Sägescheide schwarz; Beine rötlich, Spitze der Hinterschiene und Spitzen der Tarsen an den Hinterbeinen schwarz.

Clypeus am Vorderrand mit tiefem, abgerundeten Ausschnitt; Supraantennalfeld gewölbt, ohne Kiel; Frontal- und Subantennalfurche parallel, im Supraclypealfeld in den Kiel desselben übergehend; Postocellarfeld an den Seiten etwas angehoben, mit Seitenfurchen; 3. Fühlerglied beim ♂ so lang wie Kopf und Thorax zusammen, ziemlich dick, beim ♀ ohne besonderes Merkmal; Kopf hinter den Augen beim ♀ kaum verbreitert, beim ♂ wohl verengt. Flügel klar; im Vorderflügel Stigma und Geäder dunkel, Costa und Subcosta rötlich, mit dunklem Substigmalfleck; Zwischenraum zwischen Basalis und Cubitus kurz, 3. Cubitalkreuzvene gebogen, nach oben nicht ausgedehnt.

Die Art gleicht *fuscipennis* H.-S., unterscheidet sich aber bereits von dieser durch die schwarze Hinterschienenspitze, des weiteren durch das über die Ocellen erhabene Postocellarfeld.

Länge: 7–8 mm. Biologie unbekannt.

Nordiran: Tularud.

Die Art ist mir unbekannt. Die Beschreibung entnahm ich der Originalbeschreibung des Autors.

Arge dimidiata dimidiata (FALLÉN)

Hylotoma dimidiata FALLÉN, 1808: Svensk. Vet. Akad. Handl., Bd. 39, p. 42; *rufescens* DRAPIEZ, 1819: Ann. Gén. Sc. Phys. Bruxelles, Bd. 2, p. 49; *fasciata* LEPELETIER, 1823: Mon. Tenthr., p. 43; *mediata* FALLÉN, 1829: Mon. Tenthr. Suec., p. 22; *aenescens* FÖRSTER, 1854: Verh. Nat. Ver. Rheinl., Bd. 11, p. 257; *confusa* DIETRICH, 1868: Mitt. Schw. Ent. Ges., Bd. 2, p. 353; *Arge kongauensis* ROHWER, 1925: Proc. U. S. Nat. Mus.; *jonasi* FORSIUS, 1927: Ark. Zool., Bd. 19 A, p. 3; *pravei* DOVNAR-ZAPOLSKIJ, 1926: Acta Soc. Ent. Staurop., Bd. 2, p. 17.

Schwarzgrün oder schwarzblau. Abdomen gelb, Basaltergite mehr oder weniger schwarz, Unterseite meist mit dunklen Seitenstriemen, die mittleren Tergite oft mehr oder weniger geschwärzt; Sägescheide schwarz, in der Mitte meist gelblich. Beine schwarz; gelb sind: meist die Vorderseite der Vorderschenkel, vordere Knie, Schienen und Tarsen, letztere oft verdunkelt.

Wangenanhang beim ♀ wenig länger, beim ♂ ungefähr so lang wie der Durchmesser des Frontalocellus; Supraclypealfeld gewölbt, aber ohne deutlichen Kiel; beim ♀ Interantennalfurche flach, breit und kurz, Supraantennalgrube tief, beim ♂ Frontal- und Subantennalfurche vorn abgeflacht, Seitenränder gekielt; Fühler beim ♂ so lang wie Kopf und Thorax zusammen, beim ♀ wenig kürzer als der Thorax; Postocellarfeld doppelt so breit wie lang; POL:OOL:OCL = 1,5:2,2:1,0; Sägescheide (von der Seite gesehen) auf der Unterseite ausgeschweift. Penisvalve siehe Fig. 33. Vorderflügel gelblich, Spitzendrittel hellgrau, Costa und Subcosta gelb, Stigma dunkelbraun mit heller Umrandung; ein bräunlicher Substigmalfleck überzieht die Basis der Radialzelle und der 2. Cubitalzelle; Zwischenraum zwischen Basalis und Cubitus kürzer als die Intercostalkreuzvene, 3. Cubitalkreuzvene oben oft ausgeschweift, so daß die Zelle oben breiter ist als unten.

Länge: 8–11 mm. Larve an Betula vorkommend.

Eurosibirische Art: Europa, Kaukasus (Dagestan), Sibirien.

Arge dimidiata flavomixta (ANDRÉ)

Hylotoma flavomixta ANDRÉ, 1881: Spec. Hym., Bd. 26, p. 17.

Diese Unterart besitzt ein vollkommen schwarzes Abdomen.
Sibirien.

Arge impressifrons KONOW (♀)

KONOW 1898: Wien. Ent. Zeit., Bd. 17, p. 230.

Blauschwarz. Am Abdomen sind die fünf basalen bzw. die mittleren Segmente gelbbraun. Beine metallisch schwarzbraun.

Holotypus: Supraclypealkiel kantig; Interantennalkiele fehlen, stattdessen befindet sich zwischen den Fühlern und unmittelbar unter der Frontalocelle je eine breite Grube. POL:OOL:OCL = 1,02:2,00:1,00. 3. Fühlerglied so lang wie die maximale Kopfbreite hinter den Augen; Schildchen leicht konvex, glatt, mit dem Schildchenanhang wenig breiter als lang (5:4). Vorderflügel gelbbräunlich, Spitze aufgehellt, Stigma schwarz, mit schwacher dunkler Substigmalbinde; Kopf und Thorax grau behaart.

Das ♂ ist unbekannt.

Aserbaidshan: Talysch.

Der Typus (1 ♀, als Holotypus festgelegt) befindet sich im Institut für Pflanzenschutzforschung Eberswalde (ehemals DEI).

Arge scita (MOCSÁRY)

Hylotoma scita MOCSÁRY, 1880: Term. Füzet., Bd. 4., p. 267; *Arge debilis* KONOW, 1887: Wien. Ent. Zeit., Bd. 6, p. 19; *zarudnyi* GUSSAKOVSKIJ, 1935: Fauna SSSR, N. Ser., T. II, Vol. 1, pp. 459–460; *Hylotoma proxima* ANDRÉ, 1881: Ann. Soc. Ent. Fr., Bd. 1, p. 347.

Schwarz mit blauem oder grünlichem Glanz. Abdomen gelb mit bläulichen Seitenflecken, beim ♂ meist das 6.–7. Tergit ganz schwarz. Beine hellgelb; schwarz sind: Hüften, Trochanteren, Schenkel außer der Spitze, Spitzen der Schienen, Spitzen der Tarsen (mehr oder weniger).

Clypeus nicht tief ausgerandet; Wangenanhang kürzer als der halbe Durchmesser einer Ocelle; Supraclypealfeld kräftig und breit gewölbt, ohne Kiel; beim ♀ Supraantennalgrube nicht tief, Interantennalfurche fehlend; beim ♂ Interantennalfurche flach und breit, nach vorn aufgelöst; POL:OOL:OCL = ♀: 1,6:2,0:1,2; ♂: 1,5:1,5:0,7. Kopf hinter den Augen nicht erweitert. Flügel hell bis leicht gelblich; im Vorderflügel Costa und Subcosta gelb, Stigma dunkel, Zwischenraum zwischen Basalis und Cubitus meist länger als die Intercostalkreuzvene.

Die Art ähnelt *melanchroa*, unterscheidet sich jedoch durch den länglichen glatten Fleck auf dem Mesosternum, beim ♀ durch die helle Sägescheide, beim ♂ durch die Form der Penisvalve (Fig. 30); Sägevalve siehe Fig. 23+24.

Länge: 7,0–8,5 mm. Larve an Prunus.

Griechenland, Kleinasien, Cypern, Transkaukasus, Iran, Turkmenien.

Arge cyanocrocea (FÖRSTER)

Tenthredo cyanocrocea FÖRSTER, 1771: Nov. Sp. Ins., p. 78; *coerulescens* FABRICIUS, 1775: Syst. Ent., p. 321; *bicolor* SCHRANK, 1781: Enum. Ins. Austr., p. 323; *Hylotoma coerulea* LATREILLE, 1805: Hist. Nat. Ins., Bd. 13, p. 134; var. *messanensis* DE STEFANI, 1885: Natur. Sicil., Bd. 4, p. 185; var. *syriaca* MOCSÁRY, 1880: Term. Füzet., Bd. 4, p. 267; var. *damascena* MAGRETTI, 1890: Ann. Mus. Stor. Nat. Genova, Bd. 29, p. 525.

Schwarz mit schwachem blauen Glanz. Gelb ist das Abdomen außer der Sägescheide; Beine schwarz und gelb; Hinterbeine gelb, meist die Spitze der Schiene oder auch anderweitig geschwärzt; in südlicheren Gegenden z. T. ganz schwarz (var. *syriaca*), dies jedoch ohne geographische Abgrenzung.

Wangenanhang ungefähr so lang wie der Durchmesser des Frontalocellus; Supraclypealfeld gewölbt, mit schwachem Kiel; beim ♀ eine tiefe Supraantennalgrube; Interantennal-

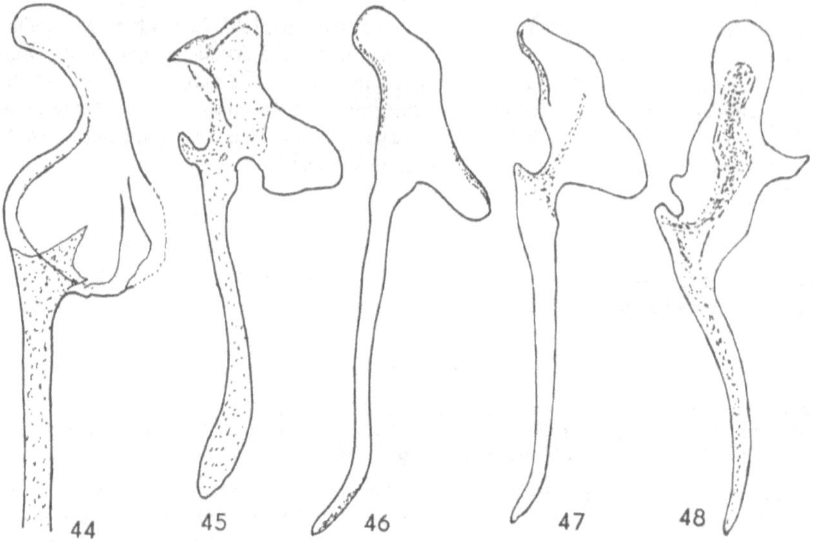

Fig. 44–48.
44: *Arge beckeri*, Penisvalve – 45: *Arge cyanocrocea*, Penisvalve – 46: *Arge pyrenaica*, Penisvalve – 47: *Arge ochropus*, Penisvalve – 48: *Arge rustica*, Penisvalve.

feld mit verbreiterter, an den Seiten schwach gekielter, kurzer und flacher Furche; beim ♂ Interantennalfurche mehr parallel, kurz und flach; Postocellarfeld doppelt so breit wie lang; POL:OOL:OCL = 1,5:2,0–2,3:1,0–1,2. Vorderflügel in der basalen Hälfte gelb, die Spitzenhälfte bräunlich, Stigma schwärzlich mit gelber Spitze, der Zwischenraum zwischen Basalis und Cubitus kürzer als die Intercostalkreuzvene.

Von der verwandten *melanchroa* (GMELIN) unterscheidet sich *cyanocrocea* beim ♀ sehr leicht durch die Haarborsten der inneren Sägescheidenspitze, (Fig. 4+5), beim ♂ durch die andere Form der Penisvalve (Fig. 45).

Länge: 7–8 mm. Larve an Rubus vorkommend.

Europa (auch Krim), Kleinasien, Transkaukasus, Kaukasus.

Arge melanchroa melanchroa (GMELIN)

Tenthredo melanchroa GMELIN, 1790: Syst. Nat., ed. 13, p. 2657; *Hylotoma femoralis* KLUG, 1812: Mag. Ges. Naturf. Berlin, Bd. 6, p. 296; *dimidiata* LEPELETIER, 1823: Mon. Tenthr., p. 43; *coerulescens* var. *bicolor* GIMMERTHAL, 1848: Arb. naturf. Ver. Riga, Bd. 1, p. 50; *similis* RUDOW, 1871: Ent. Zeit. Stettin, Bd. 32, p. 384.

Schwarz, metallisch grün oder blau. Abdomen gelb, (außer beim ♀ die Sägescheide), Basaltergite mehr oder weniger geschwärzt; Beine schwarz, Vorder- und meist die Mittelschiene ganz gelb, Hinterschiene an der Spitze schwarz, Tarsen schwarz und gelblich.

Wangenanhang beim ♀ so lang wie die Frontalocelle im Durchmesser, beim ♂ etwas kürzer; Supraclypealfeld gewölbt, ohne Kiel; Subantennalfurche beim ♀ etwas kürzer, zwischen den Fühlern verbreitert und mit muldenförmiger Grube, nach unten konvergierend,

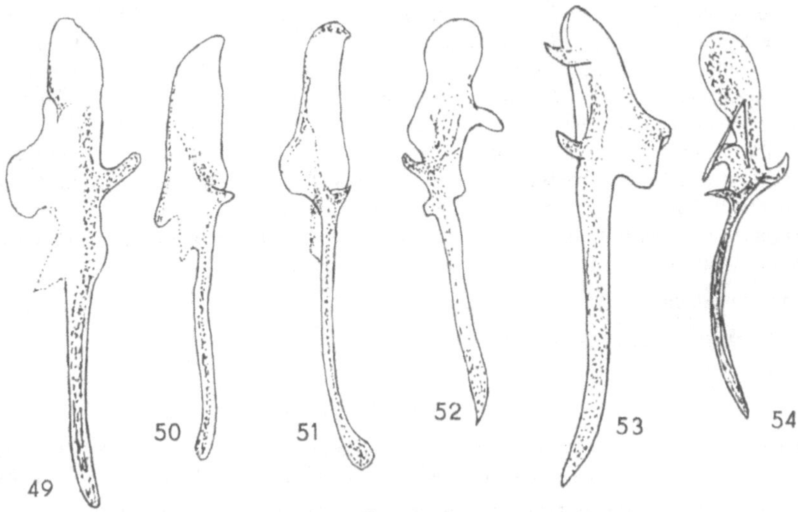

Fig. 49–54.
49: *Arge ciliaris*, Penisvalve (abweichende Form) – 50–51: *Arge gracilicorne*, Penisvalven – 52: *Arge enodis*, Penisvalve – 53: *Arge pallidinervis*, Penisvalve – 54: *Arge cingulata*, Penisvalve.

beim ♂ parallel. Postocellarfeld doppelt so breit wie lang, nur beim ♀ über den Ocellen erhaben; POL:OOL:OCL = ♀: 1,7:2,2:1,3; ♂:1,2:2,0:1,2. Kopf beim ♀ hinter den Augen erweitert; Kopf und Thorax mit graubrauner Behaarung. Sägescheide von oben siehe Fig. 4, Zähne der Sägevalve Fig. 25, Penisvalve Fig. 58+59. Vorderflügel gelblich, Spitze leicht grau, beim ♂ Stigma oft gelb mit dunkler Basis, sonst bräunlich mit gelber Umrandung und Spitze des Stigma mit braunem Substigmalfleck, der die Basis der Radialzelle und meist die 1. und 2. Cubitalzelle erreicht, Zwischenraum zwischen Cubitus und Basalis kurz.

Länge: 7–8 mm. Biologie unbekannt.

Europa (auch Krim), Kleinasien, Kaukasus, Transkaukasus, Iran, Mittelasien.

Betreffs der Unterscheidungsmerkmale zu *A. cyanocrocea* (FÖRSTER) siehe die Beschreibung von *A. cyanocrocea*.

Arge melanchroa nigritarsis (KLUG) stat. n.

Hylotoma nigritarsis KLUG, 1834: Jahrb. Ins., Bd. I, p. 233.
KONOW 1908: p. 196; GUSSAKOVSKIJ 1934: pp. 252–253; BENSON 1968: p. 126.

♀♂ schwarz, Abdomen gelb, 1.–2. Tergit und mehr oder weniger die mittleren Tergite schwarz.

Beim ♀ die Spitze der Sägescheide schwarz; beim ♂ die Seiten des Abdomen, die Unterseite und das Analsternit sowie die hinteren Ränder der Tergite und die äußeren Teile der Genitalien rötlichgelb. Schienen und Tarsen hellgelb, Hinterschiene an der Spitze schwarz. Beim ♂ ist der Wangenanhang ungefähr halb so lang wie der Durchmesser der vorderen Ocelle; Clypeus tief ausgerandet; Supraclypealfeld stark gewölbt, Supraclypealkiel mehr oder weniger deutlich; Frontal- und Subantennalfurche gekielt, beim ♂ schmal und tief mit parallelen Seitenkielen, beim ♀ ist die Furche zwischen den Fühlern ausgedehnt, nach vorn mit dem Supraclypealkiel konvergierend; 3. Fühlerglied so lang wie Kopf und Thorax zusammen; POL:OOL:OCL = 1,0:1,5:1,5; Postocellarfeld beim ♂ 3mal, beim ♀ 2mal so breit wie lang; Kopf hinter den Augen kaum erweitert. Penisvalve siehe Fig. 60. Vorderflügel in der basalen Hälfte gelblich, Spitzenhälfte gräulich; Stigma schwarz mit braunem Rand und brauner Spitze, ein schwacher, bräunlicher Substigmalfleck; Zwischenraum zwischen Basalis und Cubitus kurz, 3. Cubitalkreuzvene stärker gebogen, nach oben nicht verbreitert.

Biologie unbekannt.

Syrien, Transkaukasus (Talysch), Iran (Astrabad).

Arge caucasica TOURNIER

TOURNIER 1889: Entom. Genéve, Bd. 1, p. 11; *Arge cyanura* COSTA, RENDIC 1890: Acc. Sc. Fis. Napoli, p. 174; *halinae* KUZNETZOV-UGAMSKIJ, 1927: Zool. Anz., Bd. 71, p. 213.

Kopf und Brust mit dunkelbraunem oder grünlichem Glanz; Abdomen rotgelb; beim ♂ nur von den mittleren Tergiten ab oder nur der äußere Teil der Genitalien schwarz; beim ♀ die Spitze der Sägescheide, das letzte und zum Teil auch das vorletzte Tergit gänzlich oder nur dessen hinterer Rand schwarzgrün; Beine bis zum Knie metallisch, Schienen und Tarsen rotgelb, Hinterschienenspitze nicht verdunkelt.

Clypeus in der Mitte des Vorderrandes tief ausgerandet; Supraclypealfeld beim ♀ ohne Kiel; Interantennalfurche mit Seitenkielen, im Subantennalfeld in eine glatte Fläche übergehend, beim ♂ die Interantennalfurche parallel; 3. Fühlerglied beim ♂ so lang wie der Thorax; Postocellarfeld etwas gewölbt, mit deutlichen Seitenfurchen; Kopf hinter den Augen erweitert. Penisvalve siehe Fig. 55. Flügel in der Basalhälfte gelblich, die Spitze hellgrau; im Vorderflügel Geäder gelb, Stigma dunkelbraun mit rötlichgelber Spitze, ohne Substigmalfleck, Zwischenraum zwischen Basalis und Cubitus sehr kurz, 3. Cubitalkreuzvene gebogen, oben ausgedehnt.

Länge: 7–8 mm. Biologie unbekannt.

Kaukasus, Armenien, Mittelasien, Mongolei, Sibirien.

Diese Art ist mir unbekannt und vorläufig zweifelhaft, da sie nach der Beschreibung der Art *A. melanchroa* GMELIN gleicht.

Arge thoracica (SPINOLA)

Hylotoma thoracica SPINOLA, 1808: Ins. Ligur., Bd. 2, p. 11; *Tenthredo americana* VILLIERS, 1798: Linn. Ent., Bd. 3, p. 821; *Arge aetolica* KONOW, 1887: Wien. Ent Zeit., Bd. 6, p. 19; *Hylotoma enodis* v. *luridipes* COSTA, 1890: Atti Ac. Napoli, Bd. 4, p. 2.

Schwarz mit Metallglanz; beim ♀ Mesonotum rot, Pronotum schwarz; ♂ schwarz. Clypeus tief ausgeschnitten; Wangenanhang etwas länger als der Durchmesser des Frontalocellus; Supraclypealfeld dicht punktiert, breit gewölbt, ohne Kiel; Frontal- und Subantennalfurche breit, über den Fühlern etwas verengt, mit 2 Kielen, erst vor dem Supraclypealfeld zusammenlaufend; beim ♂ die Furche mit 2 scharfen seitlichen Kielen, auch im Supraantennalfeld. POL:OOL:OCL = 1,8:2,2:1,2. Beim ♀ Fühler so lang wie der Thorax; Postocellarfeld 3–4mal so breit wie lang; zwischen dem Ocellarfeld und dem Postocellarfeld eine deutliche Postocellarfurche; Kopf und Thorax braun behaart, beim ♀ Mesonotum hell behaart; Kopf hinter den Augen beim ♀ deutlich erweitert, beim ♂ wenig erweitert. Flügel leicht schwärzlich, metallisch; im Vorderflügel Stigma und Costa dunkelbraun, Geäder schwarz, der Zwischenraum zwischen Basalis und Cubitus viel kürzer als die Intercostalkreuzvene, 3. Cubitalkreuzvene wenig gebogen.

Länge: 7–10 mm. Biologie unbekannt.

Frankreich, Italien, Südosteuropa, Mittelasien.

Arge pleuratica (KLUG)

Hylotoma pleuratica KLUG, 1834: Jahrb. Ins., Bd. 1, p. 232; *sanguinicollis* ANDRÉ, 1881: Spec. Hym. Eur., Bd. 1, p. 574.

Schwarz mit Metallglanz. Gelbrot sind: Seitenlappen des Pronotum; beim ♀ das Prä- und Mesoscutum, Tegulae, Schildchen, mehr oder weniger die Mesopleuren.

Clypeus nicht tief ausgerandet; Wangenanhang beim ♀ wenig länger, beim ♂ wenig kürzer als der Durchmesser des Frontalocellus; Supraclypealfeld dicht punktiert, ohne Kiel; Supraclypealfeld beim ♂ gewölbt, schwach gekielt; beim ♀ Supraantennalgrube groß und zwischen den Fühlern seitliche Kiele, das anschließende Subantennalfeld eben und dicht punktiert; Postocellarfeld nicht durch eine Postocellarfurche vom Ocellarfeld getrennt. POL:OOL:OCL = 2,2:2,3:1,2. Kopf hinter den Augen erweitert; Kopf und Thorax grau behaart. Flügel grau getrübt. Im Vorderflügel die Intercostalzelle dunkel, Geäder schwarz; der Zwischenraum zwischen Basalis und Cubitus meist kurz, 3. Cubitalkreuzvene wenig gebogen, aber zumeist die 3. Cubitalzelle oben nicht erweitert.

Länge: 7–10 mm. Biologie unbekannt.

Südosteuropa (auch Krim), Anatolien, Transkaukasus, Kaukasus, Mittelasien.

Arge berberidis (KLUG)

Hylotoma berberidis KLUG, 1812: Mag. Ges. Naturf. Berl., Bd. 6, p. 287.

Schwarz mit blauem Metallglanz.

Wangenanhang wenig länger als der Durchmesser eines Postocellus; Supraclypealfeld lang, mit stumpfem Kiel; Frontal- und Subantennalfurche beiderseits gekielt. POL:OOL:OCL = ♀: 1,5:2,3:1,5; ♂: 1,8:2,0:1,0. Postocellarfeld beim ♀ doppelt so breit, beim ♂ fast 2,5mal so breit wie lang; Kopf beim ♀ hinter den Augen wenig erweitert, beim ♂ etwas verengt; Kopf und Thorax mit schwarzbrauner Bürstenbehaarung. Beim ♀ die Sägescheide zangenförmig; beim ♂ die Oberseite des Abdomen mit feiner, aber wahrnehmbarer Querrunzelung. Nach KONOW (1908) und STRITT (Mitt. Deut. Ent. Ges., Bd. 11, 1942, pp. 93 +94) trennt man am einfachsten die Art *A. berberidis* von der ähnlichen *A. nigripes* durch die Frontal- und Subantennalfurche. Diese muß man von den Ocellen aus betrachten: bei *berberidis* ist sie flach, breit, mit wenig erhabenen Seitenrändern; bei *nigripes* dagegen ziemlich schmal, mit dicken, haarigen Seitenrändern. Meines Erachtens liegt jedoch das sicherste Unterscheidungsmerkmal der ♂♂ dieser beiden Arten in der verschiedenen Form der Penisvalve (Fig. 34). 7.–9. Zahn der Sägevalve (von der Spitze ab) siehe Fig. 29. Flügel schwärzlich, die Spitze aufgehellt, im Vorderflügel der Zwischenraum zwischen Basalis und Cubitus kürzer als die Intercostalkreuzvene.

Länge: 7–10 mm. Larve an Berberis.

Mittel- und Südeuropa (auch Krim), Kaukasus, Transkaukasus, Mittelasien, Sibirien.

Arge pullata (ZADDACH)

Hylotoma pullata ZADDACH, 1859: Progr. Friedr. Coll. Königsberg, p. 5; *ventricosa* ZADDACH, 1863: Schrift. Naturf. Ges. Königsberg, Bd. 4, p. 93.

Dunkelblau.

Supraclypealfeld ohne Kiel; Interantennalfurche flach mit schwachen, nach vorn konvergierenden Kielen; Kopf hinter den Augen erweitert; POL:OOL:OCL = 1,3 : 2–2,2 : 2–2,2; Postocellarfeld doppelt so breit wie lang; Kopf mit bürstenartiger, schwarzer Behaarung; 3. Fühlerglied beim ♀ ungefähr so lang wie die maximale Kopfbreite; Schildchen konvex, glatt, breiter als lang (4:3,5). Flügel schwärzlich getrübt, Vorderflügel mit Substigmalfleck, 3. Cubitalkreuzvene mehr oder weniger gebogen.

Länge: 10–12 mm. Larve an Betula.

Mitteleuropa; UdSSR: Leningrad, Orenburg, Sachalin, Sibirien, Armenische SSR.

Arge annulata KONOW

KONOW 1891: Wien. Ent. Zeit., Bd. 10, p. 42.

Schwarzblau, 3. Fühlerglied dunkelbraun; Hinterschiene weiß mit verschwommenem dunklen Ring und mit schwarzer Spitze; Mittel- und Vorderschiene mehr oder weniger hell.

♀ (Typus): Clypeus am Vorderrand zu einem Drittel ausgerandet; Wangenanhang ungefähr 1,5mal so lang wie der Durchmesser des Frontalocellus; Supraclypealfeld vorgewölbt, Kiel stumpf; Supraantennalgrube tief; Subantennalfeld zwischen den Fühlern nach vorn herzförmig, mit kurzen Kielen zwischen den Fühlern; 3. Fühlerglied so lang wie der Thorax; Schildchen breiter als lang (5:4); Postocellarfeld 3mal so breit wie lang. POL: OOL:OCL = 1,4:2,2:1,2. Kopf und Thorax braun behaart; Sägevalve mit sehr flachen Zähnen. Flügel nicht klar, wie in der Originalbeschreibung der Art angegeben, sondern leicht bräunlich, wie ich es am Typusexemplar sowie an einem selbst gesammelten ♀ (Armenien: Garni, Umgebung, 25. 5. 1971) feststellen konnte. Im Vorderflügel Stigma und Geäder dunkelbraun; die Basalis mündet in die Basis des Cubitus, 3. Cubitalkreuzvene stark nach außen gebogen, oben etwas erweitert, dadurch ist die 3. Cubitalzelle oben breiter als unten; 2. Mediankreuzvene mit der 2. Cubitalkreuzvene fast interstitial, um Venenstärke in die 3. Cubitalzelle gerückt.

Die Art ähnelt *A. gracilicornis* (KLUG), aber bei *A. annulata* ist der Kopf hinter den Augen erweitert, die Flügel sind nur getrübt und die 3. Cubitalkreuzvene ist stark gebogen.

Länge: 8 mm. Biologie unbekannt.

Transkaukasus.

Typus: Araxestal: Ordubad; als Holotypus erkannt und ausgezeichnet, im Institut für Pflanzenschutzforschung Eberswalde.

Arge gracilicorne (KLUG)

Hylotoma gracilicornis KLUG, 1812: Mag. Ges. Naturf. Berlin, Bd. 6, p. 287; *Tenthredo coerulescens* GEOFFROY, 1785: Ent. Paris, Bd. 1, p. 373; nec FABRICIUS, 1775: Syst. Ent., p. 322.

Schwarzblau, Vorderbeine meist hellbraun.

Clypeus flach ausgerandet; Wangenanhang des ♂ kürzer, beim ♀ so lang wie der Durchmesser einer Ocelle; Interantennalfurche breit und an den Seiten gekielt, im Subantennalfeld zusammenlaufend; Supraclypealfeld deutlich gekielt; Postocellarfeld 3mal so breit wie lang; Kopf hinter den Augen erweitert. POL:OOL:OCL = ♀: 1,5:2,2:1,2; ♂: 1,5:1,8:1,0. Kopf und Thorax dunkelbraun behaart. 9.–15. Zahn der Sägevalve (von der Spitze ab) siehe Fig. 27, Penisvalve siehe Fig. 50+51. Flügel schwärzlich, Stigma und Geäder dunkel; im Vorderflügel Zwischenraum zwischen Basalis und Cubitus sehr kurz; 3. Cubitalkreuzvene oben nach außen ausgeschweift, dadurch ist die 3. Cubitalzelle oben breiter als unten.

Länge: 5–7 mm. Larve an Rosa und Rubus vorkommend.

Europa, Kleinasien, Kaukasus, Sibirien, Japan.

Arge enodis (LINNÉ)

Tenthredo enodis LINNÉ, 1767: Syst. Nat., ed. 12, Bd. 1, p. 922; *Tenthredo coeruleipennis* RETZIUS, 1783: Gen. Spec. Ins., p. 72.

Schwarzblau.

Clypeus flach ausgerandet; Wangenanhang beim ♀ so lang wie der Durchmesser von 2 Frontalocellen, beim ♂ ungefähr wie der Durchmesser des Frontalocellus; Supraclypealfeld beim ♀ nicht gekielt, beim ♂ mehr oder weniger gekielt; Interantennalfurche beim ♀ undeutlich, breit, mit Diskalgrübchen, Seiten schwach gekielt, im Subantennalfeld zusammenlaufend; beim ♂ Frontal- und Interantennalfurche tief, mehr parallel, an den Seiten gekielt, vorn in den Supraclypealkiel mündend; Postocellarfeld ungefähr 2,5mal so breit wie lang; Kopf hinter den Augen stark erweitert. POL:OOL:OCL = ♀: 1,8:2,0:1,5; ♂: 1,5:1,8:0,7. Behaarung auf Kopf und Thorax schwärzlich. Penisvalve siehe Fig. 52. Flügel schwärzlich, Spitze aufgehellt; im Vorderflügel Stigma und Geäder schwarzbraun, Substigmalfleck undeutlich, Zwischenraum zwischen Cubitus und Basalis sehr kurz, die 3. Cubitalkreuzvene bildet einen relativ gleichen Winkel mit Radius und Cubitus.

Länge: 8–10 mm. Larve an Salix vorkommend.

Europa, Kleinasien, Kaukasusländer, Sibirien, Mongolei, Japan.

Arge nigripes nigripes (RETZIUS)

Tenthredo nigripes RETZIUS, 1783: Gen. Spec. Ins., p. 71; *Tenthredo enodis* LINNÉ auct., nec LINNÉ, 1767: Syst. Nat., ed. 12, Bd. 1, p. 922.

Schwarzblau, nur die Hinterschiene oft mehr oder weniger bräunlich durchscheinend. Clypeus tief ausgerandet; Wangenanhang beim ♂ maximal so lang wie der Durchmesser einer Frontalocelle, beim ♀ meist etwas länger. Seiten der Supraantennalgrube beim ♀ zumeist im Interantennalfeld ohne deutliche Kielseiten, breit, flach und aufgelöst; beim ♂ die Furche zumeist vom Frontalfeld in das Subantennalfeld verlängert und parallelseitig; Postocellarfeld 3mal so breit wie lang, Kopf hinter den Augen erweitert. POL:OOL:OCL

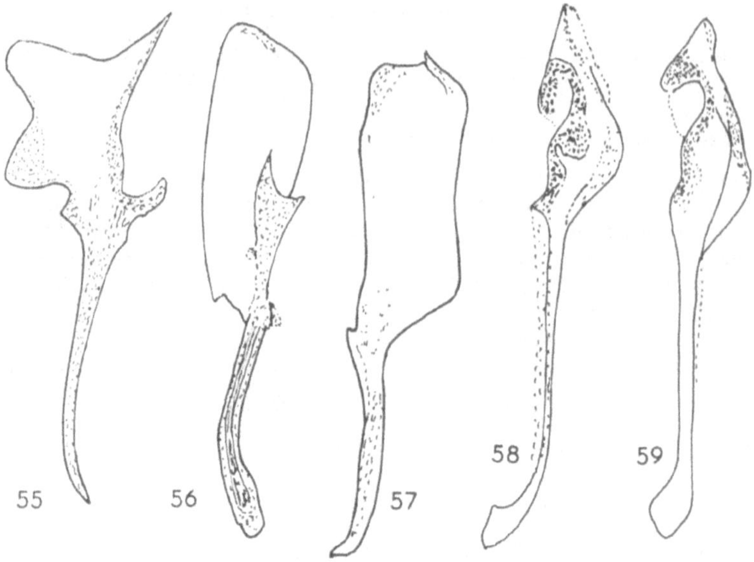

Fig. 55–59.
55: *Arge caucasica*, Penisvalve – 56: *Arge frivaldskyi*, Penisvalve – 57: *Arge simulatrix*, Penisvalve – 58: *Arge m. melanchroa*, Penisvalve – 59: *Arge m. melanchroa*, Penisvalve (Variation).

= ♂: 1,2:2,0:0,8; ♀: 1,5:2,1:0,8. Kopf und Thorax braun behaart. 9.–11. Zahn der Sägevalve (von der Spitze ab) siehe Fig. 20, Penisvalve siehe Fig. 40–43. Flügel dunkel; im Vorderflügel Stigma und Geäder schwarzbraun, Costa und Subcosta manchmal bräunlich; Substigmalfleck manchmal schwach vorhanden, besonders beim ♀; Zwischenraum zwischen Cubitus und Basalis sehr kurz; 3. Cubitalkreuzvene gebogen.

Länge: 7–9 mm. Larve an Rosa vorkommend.

Europa, Kleinasien, Kaukasusländer, Sibirien.

Arge nigripes alpina (KONOW) (comb. BENSON)

Hylotoma alpina KONOW, 1884: Wien. Ent. Zeit., Bd. 3, p. 277.

Beschreibung nach BENSON (1939: Proc. R. Entom. Soc. London, Vol. 8, part 6, pp. 114–117):

„A series of a black-bodied *Arge* with entirely hyaline wings was swept in biggy mountain pastures about Les Haudéres in Valais, Switzerland, at 4000–5000 ft., from 6.–27. 6. 1935. These were at first thought to be a peculiar form of *ciliaris* (L.) differing from the normal representatives of this species by the long 3rd cubital cell in the fore-wings and the almost entirely piceous legs. A study of the saws showed that they differed markedly in the shape of the teeth from those of *ciliaris* but they were indistinguishable from those of the *ustulata-fuscipes-nigripes* complex; they agreed with *A. nigripes* (RETZIUS) in the narrower form of sawsheath than occurs in *ustulata* (L.) and *fuscipes* (FALLÊN) and appa-

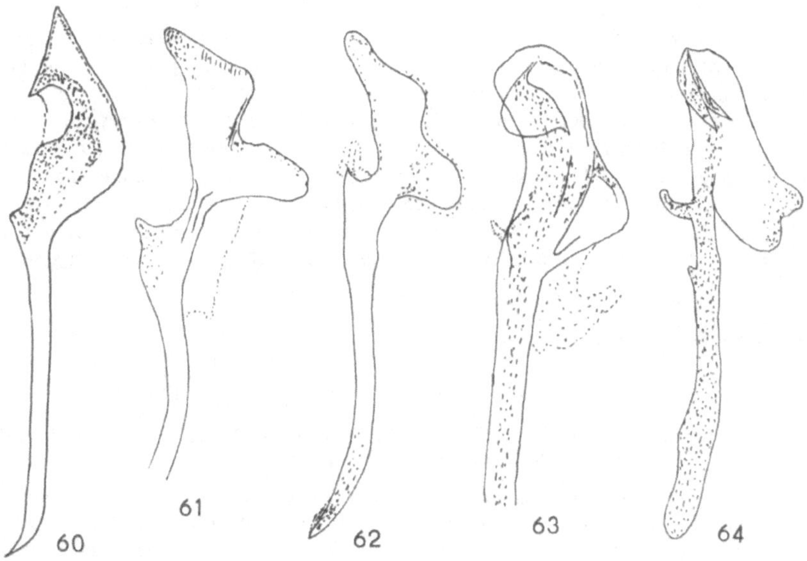

Fig. 60–64.
60: *Arge m. nigritarsis*, Penisvalve – 61: *Arge ochropus*, Penisvalve – 62: *Arge fuscipennis*, Penisvalve – 63: *Arge p. luteola*, Penisvalve – 64: *Arge clavicornis* (f. typica), Penisvalve.

rently represent a hyaline-winged alpine subspecies of *nigripes* (RETZIUS). The form was described as a species *A. alpina* by KONOW and wrongly placed by ENSLIN (p. 602) as a variety of *A. fuscipes* (FALLÉN).

In 12 ♀♀ and 1 ♂ of my series the pubescens on the head and thorax is silvery white, while in 2 ♀♀ and 6 ♂♂ it is fuscous as in the smoky-winged forms of *nigripes* (RETZIUS); the wings are entirely hyaline except for a small spot at the base of radial cell of the fore-wing under the stigma."

Mir erscheint es merkwürdig, daß beim ♂ die Penisvalve von *nigripes* auffallend jener von *fuscipes* gleicht, trotzdem die beiden Arten einwandfrei zu trennen sind und auch biologische Unterschiede bestehen. Es wäre wünschenswert, wenn bei der ssp. *alpina* die Wirtspflanze festgestellt werden könnte. Meines Erachtens wäre es doch leicht festzustellen gewesen, ob im Fanggebiet überhaupt eine Rosa-Art vorkommt.

Arge rustica (LINNÉ)

Tenthredo rustica LINNÉ, 1758: Syst. Nat., ed. 10, p. 556; *atrata* FORSTER, 1771: Nov. Spec. Ins., p. 80.

Schwarz ohne Metallglanz. Hellgelb sind: beim ♀ das 1. Tergit in der Mitte mit einer größeren, beim ♂ undeutlicheren Hautspalte und die mittleren Tergite mehr oder weniger am Hinterrand (beim ♀ oft die Mitte hellgelb); beim ♂ sind oft die mittleren Tergite gänzlich schwarz. Beine schwarz; Schienen hellgelb, beim ♂ oft an der Spitze schwarz; Tarsen hellgelb, mehr oder weniger bräunlich.

Beim ♀ ist der Wangenanhang fast doppelt so lang wie der Durchmesser eines Frontalocellus; Supraclypealfeld ohne Kiel; Frontal- und Subantennalfurche beim ♂ vom Frontalocellus an fast parallel, mit Seitenkielen; beim ♀ ist die Furche nur angedeutet, mit einer Supraantennalgrube, diese subantennal breit abgeflacht. POL:OOL:OCL = 1,5:2,5:1,3. Postocellarfeld ungefähr 3mal so breit wie lang; Kopf hinter den Augen erweitert; Kopf und Thorax grau behaart. Penisvalve siehe Fig. 48. Flügel gelb; im Vorderflügel Costa und Subcosta gelb, Stigma gelb bis gelbbräunlich; beim ♂ oft eine angedeutete Substigmalbinde; beim ♀ die Radialzelle mit braunem, auf die Cubitalzelle übergreifenden Fleck, unter der Spitze des Stigma ein meist heller Fleck; Zwischenraum zwischen Basalis und Cubitus meist kürzer als die Intercostalkreuzvene, 3. Cubitalkreuzvene schwach gebogen.

Länge: 9–11 mm. Larve an Quercus.

Europa, Kleinasien, Kaukasusländer.

Arge cingulata (JAKOVLEV)

Hylotoma cingulata JAKOVLEV, 1891: Hor. Soc. Ent. Ross., Bd. 26, p. 16; *Arge turanica* KUZNETZOV-UGAMSKIJ, 1927: Zool. Anz., Bd. 71, p. 71.

Schwarz mit blaugrünem Metallglanz. Mandibeln braun; Abdomen mit mehr oder weniger roten Segmenten, jedoch die ♂ oft ohne jede Rotfärbung; gelbbraun sind Knie, Schienen und z. T. die Tarsen, besonders die Basis; Hinterschienenspitze schwarz, manchmal fast bis zur Basis ausgedehnt, Mittel- und Vorderschiene manchmal an der Spitze oder an der Außenseite metallisch.

Clypeus flach ausgerandet; Wangenanhang kürzer als der Durchmesser einer Ocelle; Supraclypealfeld breit gewölbt, Kiel undeutlich; beim ♀ das Interantennalfeld mit kleiner Grube und zwischen den Fühlern mit 2 Kielen, abgeflacht und in den undeutlichen Supraclypealkiel übergehend; beim ♂ eine parallele Subantennalfurche, nach vorn meist etwas abgeflacht; 3. Fühlerglied beim ♀ so lang wie der Thorax, beim ♂ stark gebogen und so lang wie Kopf und Thorax zusammen; Postocellarfeld 2,5mal so breit wie lang. POL:OOL:OCL = ♀: 1,2–1,3 : 2–2,3 : 0,7–1,0. Kopf hinter den Augen beim ♀ erweitert, beim ♂ parallel; Behaarung auf Kopf und Thorax beim ♀ gelbbraun, beim ♂ dunkler; Sägescheide breit abgerundet. Zähne der Sägevalve siehe Fig. 26, Penisvalve siehe Fig. 54. Flügel ziemlich klar bis leicht bräunlichgrau; im Vorderflügel Costa gelbbraun, Geäder und Stigma dunkelbraun, letzteres an der Spitze gelbbraun; Basis des Stigma mit einem bräunlichen Substigmalfleck; der Zwischenraum zwischen Basalis und Cubitus meist kürzer als die Intercostalkreuzvene; 3. Cubitalkreuzvene stark gebogen, aber die Biegung liegt im oberen Drittel, dadurch ist die Zelle oben breiter als unten.

Länge: 7–9 mm. Alpine Art. Biologie unbekannt.

Iran, Mittelasien.

Arge clavicornis (FABRICIUS)

Tenthredo clavicornis FABRICIUS, 1781: Spec. Ins., Bd. 1, p. 408; *Hylotoma fuscipes* FALLÉN, 1808: Svensk. Akad. Handl., Bd. 29, p. 43; *expansa* KLUG, 1834: Jahrb. Ins., Bd. 1, p. 232.

BENSON (1962: Bull. Brit. Mus. (Nat. Hist.), Ent., London, Vol. 12, No. 8, p. 387) schreibt: „The North American form is extremely variable in colour and may have its abdomen entirely metallic blue, more or less marked with yellow or entirely yellow. The European forms are *A. clavicornis expansa* (KLUG) comb. n. of subarctic-subalpine regions (BENSON, 1951: 34) and *A. clavicornis fuscipes* (FALLÉN) comb. n. of temperate parts of Central and Western Europe and are without yellow markings."

Bei den Unterarten handelt es sich um unsichere Subspezies. *A. clavicornis* ist über Europa, Nordamerika, Kleinasien, die Kaukasusländer, Mittelasien, die Mongolei, Sibirien und Japan verbreitet. Die Variabilität der Färbung von Costa und Subcosta des Vorderflügels, der Hinterschienen der ♂♂ usw. bilden keinen subspezifischen Charakter. Die Varianten kommen sowohl in Europa, den Kaukasusländern und in Ostasien vor; auch eine ökologische Abgrenzung erscheint mit unmöglich.

Die von BENSON (1968: Bull. Brit. Mus. (Nat. Hist.), Ent., London, Vol. 22, No. 4, p. 127) beschriebene *Arge clavicornis* seljuki ist nach 2 ♀♀ aus Anatolien auf Grund der bis zum Analrand des Vorderflügels reichenden Substigmalbinde beschrieben worden. Aus dem Kaukasus liegen mir ebenfalls Belegexemplare vor, bei denen sich der variable Substigmalfleck über den Vorderflügel nach dem Analrand ausbreitet. Ebenfalls sind bei Gebirgstieren aus dem Kaukasus und Mittelasien nicht allzuselten die Vorderflügel einfarbig dunkelbraun, so daß der Substigmalfleck kaum sichtbar ist. In diesem Zusammenhang sei auch gesagt, daß mir aus dem Kaukasusgebiet auch *clavicornis*-Exemplare mit glasklaren Flügeln vorliegen, die nur einen sehr kleinen Substigmalfleck aufweisen und auf den ersten Blick für *ciliata* (L.) gehalten werden müßten, wenn nicht die Trennung durch die Sägevalve möglich wäre. Auch die Behaarung des Kopfes und der Oberseite des Thorax variiert; und wenn auch bei den kaukasischen var. *fuscipes* zumeist eine braune Behaarung vorhanden ist, dagegen die var. *expansa* manchmal helle Kopf- und Thoraxbehaarung besitzt, so gibt es doch auch darin Übergänge. Die Interantennalfurche verengt sich subantennal und geht in einen stumpfen Mittelkiel über, der oft nur einer breiten Wölbung gleicht.

Auch die Trennung in subarktische-subalpine Region und Mittel- und Westeuropa ist unmöglich, wie ich oben bereits darlegte. Doch auch eine begrenzte Aufteilung einer Art ist doch paradox, sofern diese eine weit über die Grenzen ausgedehnte Verbreitung hat. Die nordamerikanische Form ist extrem variabel bzw. unaufteilbar, deshalb blieb diese Form also unbenannt, aber ist dies zu vertreten? Ich glaube nicht, daß BENSON die variable nordamerikanische Form als Nominatunterart betrachtet hat. Aber welches wäre nun die *A. clavicornis clavicornis* (F.)?

LINDQVIST (1973: Not. Ent., Bd. 53, p. 33) hält *clavicornis* für eine eigene Art und trennt *expansa* ab, von welcher er den Typus (Museum für Naturkunde der Humboldt-Universität Berlin) ausgeliehen und studiert hat. LINDQVIST stellte fest, daß *expansa* eine normale *fuscipes* mit hellen Tibien und Tarsen ist, von normaler Größe, Hintertibienspitze und Hintertarsen sind schwarz.

Ob es sich tatsächlich bei der nordamerikanischen *clavicornis* um eine eigene Art handelt, ist mir etwas zweifelhaft, denn höchstwahrscheinlich hat doch BENSON die nordamerikanische Form eingehend untersucht; andernteils hält LINDQVIST auch in einer späteren Arbeit (1974: Not. Ent., Bd. 54, pp. 17–18) an seinem Standpunkt fest, daß *clavicornis* eine eigene Art sei und mit *fuscipes* bzw. *expansa* nichts zu tun habe. Auch nach LINDQVIST ist das Abdomen bei der nordamerikanischen *clavicornis* ganz oder teilweise gelb oder metallisch grün, oder blauschwarz. Weitere Artmerkmale existieren nicht.

Bei der Variationsbreite von *clavicornis* ist es durchaus nicht verwunderlich, daß einer der hervorragendsten Symphyten-Kenner, ZHELOCHOVTSEV, sogar *fuscipes* bzw. *clavi-*

cornis als Synonym zu *ustulata* (L.) stellt (1939: Arch. Mus. Zool. Univers., Moscou, Bd. 5, p. 136): „I consider the species described by FALLÉN only as the extremest variant in the range of individual variability of *A. ustulata* by the reason, they do not differ one from another in their sculpture, plastical features and the structure of the saw. In the same way it is very easy to gather up a full serie of gradual transitions in the coloration of the wings and legs. From specimens with yellowish wings, pale coloured veins (which are dark in the apical part only) and more, than one half pale tinged stigma, we shall go further to specimens with feebly yellowish wings, the veins being almost dark except for their pale base and the yellowish costa and subcosta; we shall place afterwards the true *A. ustulata* L., possessing almost hyaline wings with dark venation except for the yellow costa, subcosta and the distal half of stigma; further again the subcosta becomes darker, the wings quite hyaline and more than the half of stigma dark; this range is closed by *fuscipes* FALL., having black stigma and veins and infuscate wings. The coloration of the tibiae changes from whitish to entirely black, the darkening beginning from the fore-legs and going parallelly to that of the wings, what gives that specimens with dark legs usually have infuscate wings with black veins and costa."

Wie mir erst 1975 Herr Prof. ZHELOCHOVTSEV in Moskau versicherte, hält er immer noch an seinen Ausführungen fest. (Siehe hierzu eine Ergänzung auf S. 57)

Wohl als Erwiderung auf die Ausführungen von ZHELOCHOVTSEV erwähnte BENSON (1945: Ent. Month. Mag., Vol. 81, p. 104) betreffs der *A. ustulata*: „Wing yellow in mature specimens, but may be subhyalin in immature specimens, hence the confusion" (damals war *fuscipes* noch nicht von BENSON als Unterart von *clavicornis* festgelegt). BENSON führte weiter aus: „*A. fuscipes* is easily distinguished from the related *A. ustulata* on colour differences, though no structural differences have been found."

Meines Erachtens sind bei den mitteleuropäischen Exemplaren *clavicornis* und *ustulata* durch das Stigma im Vorderflügel leicht zu trennen, des weiteren auch durch die bei *ustulata* hellen Schienen, die bei *clavicornis* (außer zum Teil den Hinterschienen) schwarz sind; die gelblichhellen Flügel bei unserer *ustulata* dürften des weiteren in Mitteleuropa ein sicheres Merkmal sein. Penisvalve siehe Fig. 64. Die auftretende Hellfärbung der Hinterschienen oder der Costa und Subcosta könnte eventuell eine Folge von Hybridisierung sein, denn auch die biologische Trennung ist relativ unsicher, da nach LORENZ/KRAUS (1957, pp. 240–243) doch einige recht deutliche Konvergenzen der Larven vorhanden sind. Die Anzahl der Borsten der Suprapedallappen, der Poststigmallappen und Substigmallappen erscheinen mir für eine Differentialdiagnose nicht ausreichend. Das Fehlen sicherer spezifischer Hinweise fehlt, zudem LORENZ/KRAUS von *clavicornis* auch nur eine Population (Prof. PASTEELS, Brüssel) zur Verfügung hatten und höchstwahrscheinlich auch von *ustulata* nur eine Population (Membach, 19. 4. 1952) bearbeiteten.

Als Wirtspflanzen von *A. clavicornis* sind Betula und Salix, bei *A. ustulata* Salix, Betula und Crataegus bekannt geworden, also auch hier Konvergenz.

Arge ustulata (LINNÉ)

Tenthredo ustulata LINNÉ, 1758: Syst. Nat., ed. 10, Bd. 1, p. 558.

Metallisch blau oder grün; Knie und Schienen mehr oder weniger, meistens ganz gelblichweiß.

Clypeus ungefähr zu einem Drittel tief ausgerandet; Wangenanhang lang, beim ♀ meist

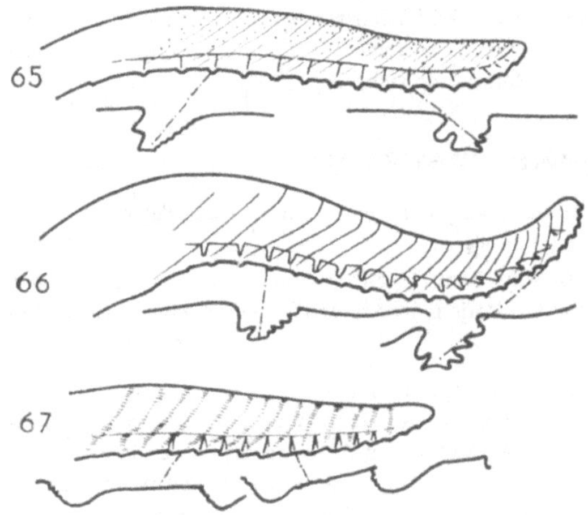

Fig. 65–67.
65: *Sterictophora furcata*, Sägevalve – 66: *Sterictophora gastrica*, Sägevalve – 67: *Sterictophora geminata*, Sägevalve.

so lang wie der Durchmesser von 2 Frontalocellen; Supraclypealfeld meist mehr oder weniger deutlich gekielt, besonders bei den kaukasischen Vertretern; Frontal- und Interantennalfurche beim ♂ mehr parallelseitig, tief und mit gekielten Seitenrändern; beim ♀ die Interantennalfurche undeutlich, sehr breit, flach, aber mit tiefer Supraantennalgrube; Postocellarfeld ungefähr doppelt so breit wie lang; Kopf hinter den Augen beim ♂ parallel, beim ♀ erweitert. POL:OOL:OCL = 1,6:2,2:1,3. Behaarung auf Kopf und Thorax greis. Flügel leicht gelblich; im Vorderflügel Geäder, Costa und Stigma gelb, letzteres mit brauner Basis; Substigmalfleck braun; 3. Cubitalkreuzvene relativ gleichmäßig gebogen; Zwischenraum zwischen Basalis und Cubitus kürzer als Intercostalkreuzvene. Sägevalve siehe Fig. 22, Penisvalve Fig. 35–39. Siehe auch *A. clavicornis* (F.) und *A. aurata* (ZADDACH).

Länge: 7–10 mm. Larve an Salix, Betula, Crataegus.

Europa, Kleinasien, Kaukasus, Sibirien, Japan.

Arge fuscinervis LINDQVIST

LINDQVIST 1974: Not. Ent., Bd. 54, pp. 17–18.

Nach LINDQVIST ähnlich *ustulata* (L.), 1–2 mm kleiner und Flügelgeäder außer der Costa dunkel; Fühler des ♀ oft mehr oder weniger und in extremen Fällen ganz oder fast ganz blaßbraun.

Holotypus ♀: Finnland, Helsingfors-Lövö, 21. 6. 1963, Allotypus ♂: Helsinge, 16. 6. 1962.

Auch diese Art erscheint mir problematisch, denn die abgebildete Sägevalvenspitze liegt bei den Tieren meiner Sammlung in der Variationsbreite von *ustulata* und dürfte darauf zurückzuführen sein, daß das betreffende ♀ bereits die Eiablage hinter sich hatte. Die als *fuscinervis* abgebildete Sägevalvenspitze erscheint mir jedoch als normale Sägevalve von *ustulata*, wie ich sie in der Sammlung besitze, jedoch weder mit braunen Fühlern noch mit dunklem Flügelgeäder. Auch die Abbildung der Penisvalven dürfte innerhalb dieser Variationsbreite liegen. Außer den leicht sklerotisierten Dörnchen ist doch die Valve bei *ustu-*

lata und *clavicornis* sehr häutig, uneinheitlich und höchstwahrscheinlich auch durch die Kopulation sehr verändert und oft auch mit abgebrochenen Dörnchen versehen. Penisvalven typischer *ustulata*-♂♂ aus meiner Sammlung siehe Fig. 35–38).

Arge pallidinervis GUSSAKOVSKIJ

GUSSAKOVSKIJ 1935: pp. 281+282; MUCHE 1973: Faun. Abh. Mus. Tierk. Dresden, Bd. 4, Nr. 10, p. 94.

♀♂: Körper dunkel grünlich-bronzefarben. Beim ♀ das 3. Fühlerglied, die Spitze der Sägescheide und beim ♂ die äußeren Genitalien orangefarben. Beine und Tarsen blaß orangegelb.

Clypeus am Vorderrand tief ausgerandet; Wangenanhang beim ♀ so lang wie fast der Durchmesser von 2 Postocellen, beim ♂ so lang wie der Durchmesser einer Ocelle; Supraclypealfeld stark gewölbt, mit unklarem Kiel, Seiten der Wölbung neben der Punktierung mit runzliger und dichter Längspunktierung; Frontal- und Subantennalfurche beim ♂ vorn sehr flach, kaum mit Spitzenteil, neben der tiefen Supraantennalgrube mit kurzen Seitenkielen; Postocellarfeld leicht gewölbt, beim ♂ 3mal, beim ♀ 2mal so breit wie lang. POL:OOL:OCL = ♂: 1,0:2,0:1,2; ♀: 1,6:2,2:1,5. 3. Fühlerglied beim ♀ leicht gebogen, Spitze wenig verdickt, beim ♂ so lang wie Kopf und Thorax zusammen; Kopf hinter den Augen beim ♂ kaum erweitert, beim ♀ deutlich erweitert; Behaarung auf Kopf und Thorax hellgrau; Sägescheide an der Spitze nicht ganz geschlossen, Spitzen schmal abgerundet. Penisvalve sieh Fig. 53. Vorderflügel klar, ohne Substigmalfleck, Venen an der Spitze rotgelb; Costa, Vorderrand der Subcosta und Stigma blaß orangegelb, die übrigen Venen dunkel; die Basalis endet fast in der Basis des Cubitus, 3. Cubitalkreuzvene stark gebogen, 3. Cubitalzelle nicht länger als die 2. Cubitalzelle, nach oben nicht erweitert.

Länge: 7,5 mm. Biologie unbekannt.

Transkaukasus, Kaukasus.

Arge ciliaris (LINNÉ)

Tenthredo ciliaris LINNÉ, 1767: Syst. Nat., ed. 12, Bd. 1, p. 922; *Hylotoma coerulea* KLUG, 1812: Mag. Ges. Naturf. Berlin, Bd. 6, p. 289; v. *corusca* ZADDACH, 1859: Progr. Friedr. Coll. Königsberg, p. 6.

Schwarzblau oder grün. Hinterschiene weiß mit schwarzer Spitze, die allerdings bis fast zur Basis reichen kann, so daß dann nur die Basis weiß bleibt.

Wangenanhang sehr lang, oft so lang wie der Durchmesser von 2 Ocellen; Supraclypealkiel undeutlich; Frontal- und Subantennalfurche gekielt, bis zur Frontalocelle reichend, nach vorn fast bis zum Supraclypealfeld reichend, dann aufgelöst und in den undeutlichen Kiel übergehend; Postocellarfeld ungefähr 3mal so breit wie lang; Kopf hinter den Augen beim ♂ parallel, beim ♀ etwas erweitert. POL:OOL:OCL = 1,3:2,0:0,8. 5.–11. Zahn der Sägevalve (von der Spitze ab) siehe Fig. 19; Penisvalve siehe Fig. 32, abweichende Form Fig. 49. Flügel klar bis leicht getrübt; im Vorderflügel Stigma dunkel, ohne einen deutlichen Substigmalfleck, Zwischenraum zwischen Cubitus und Basalis sehr kurz.

Länge: 7–9 mm. Larve an Filipendula ulmaria.

Europa, Kaukasus, Transkaukasus, Mongolei, Sibirien.

Arge aurata (ZADDACH) und **Arge auripennis** KONOW

Hylotoma aurata ZADDACH, 1863: Schrift. Naturf. Ges. Königsberg, Bd. 4, p. 101; *Arge auripennis* KONOW, 1891: Wien. Ent. Zeit., Bd. 10, p. 41; *Hylotoma graeffi* KRIECHBAUMER, 1892: Ent. Nachr., Bd. 23, p. 98.

Wohl auf Grund der unvollkommenen Beschreibung gab KONOW (1898: Wien. Ent. Zeit., Bd. 17, H. 7/8, pp. 228+229) noch eine Nachbeschreibung zu *auripennis*. KONOW führte als Unterscheidungsmerkmal zwischen *aurata* und *auripennis* außer der bei *aurata* ausgeprägten Substigmalbinde des Vorderflügels besonders die Form der 3. Cubitalvene an: „Diese ist bei *aurata* kurz, hinten wenig erweitert, am Cubitus kaum kürzer als am Radius; die stärkste Wölbung des 3. Cubitalnerven liegt in der Mitte. Dagegen liegt bei *auripennis* die stärkste Wölbung dieser Nerven über der Mitte, daher ist die Zelle nach hinten stark erweitert und am Cubitus kürzer als am Radius."

Mir liegen mehrere Exemplare von *aurata* vor, bei denen genau wie bei der verwandten *ustulata* (L.) die 3. Cubitalkreuzvene recht variabel ist. Nach meinen Untersuchungen unterscheidet sich *auripennis* von *aurata* nur durch das Fehlen der Substigmalbinde des Vorderflügels. Für *aurata* und *auripennis* ist die goldgelbe Behaarung auf Kopf und Thorax charakteristisch, doch auch die kaukasischen *ustulata* weisen die goldfarbene Behaarung auf Kopf und Thorax auf. Die Flügel sind bei den *ustulata*-Exemplaren aus dem Kaukasusgebiet einmal heller und dann wieder mehr goldfarben wie bei *aurata*; das Stigma des Vorderflügels ist bei den kaukasischen *ustulata*-Exemplaren jedoch wie bei der f. typica, nur an der Basis schwarz, jedoch bis zur basalen Mitte variierend. Genitalmorphologisch handelt es sich jedoch bei den kaukasischen Tieren einwandfrei um *ustulata*. Sägevalve von *aurata* siehe Fig. 21, Penisvalve siehe Fig. 31.

Bei *auripennis* ist der Kopf genau wie bei *aurata* stärker erweitert als bei *ustulata*, ebenso verhält es sich beim ♂ mit den Fühlern, die vor der Spitze stärker verdickt sind als bei *ustulata*, aber auch hier liegen bei den kaukasischen Vertretern von *ustulata* deutliche Übergänge vor. Bei *auripennis* ist das Stigma des Vorderflügels genauso schwarzbraun wie bei *aurata*, und der einzige Unterschied besteht nur darin, daß bei *auripennis* die Substigmalbinde reduziert bzw. nur als kleiner Poststigmalfleck zu erkennen ist.

Ein ♀ von *auripennis* aus der KONOW-Sammlung hat mir vorgelegen, welches die oben erwähnten Merkmale der 3. Cubitalvene aufweist und dem Autor höchstwahrscheinlich als Typus vorgelegen hat. Das Tier trägt die Patriaangabe „Caucasus". Die Abmessungen von Fühlerlänge zu Kopfbreite, Wangenanhang zu Frontalocellus und des weiteren POL: OOL:OCL wiesen auf keinerlei Differenz gegenüber einem typischen ♀ von *aurata* hin. Der vorliegende Typus wurde als Holotypus festgelegt (Institut für Pflanzenschutzforschung Eberswalde).

Länge von *Arge aurata* (ZADDACH): 8–11 mm; von *A. auripennis* KONOW: 8–10 mm. Biologie beider Arten unbekannt.

Arge auripennis KONOW ist aus Dalmatien, Kroatien, Syrien und dem Transkaukasus bekanntgeworden.

Arge aurata (ZADDACH) kommt in Syrien, Kleinasien und den Kaukasusländern vor.

Arge metallica (KLUG)

Hylotoma metallica KLUG, 1834: Jahrb. Ins., Bd. 1, p. 232.

Bronzefarben; 3. Fühlerglied gelbbraun, beim ♂ meist verdunkelt. Beine schwarz, Schienen und Tarsen hellgelb.

Wangenanhang beim ♀ wenig länger, beim ♂ viel kürzer als der Durchmesser des Frontalocellus; Supraclypealfeld fein und nicht dicht punktiert, ohne Kiel; Interantennalkiele stumpf, vor dem Frontalocellus mit glatter Mulde; Kopf hinter den Augen beim ♂ wenig verengt, beim ♀ schwach erweitert. Postocellarfeld 3mal so breit wie lang. POL:OOL:OCL = ♂: 1,02 : 1,05 : 0,08; ♀: 1,03 : 2,03 : 1,00. Behaarung auf Kopf und Thorax grau, Oberkopf auch schwarz behaart; Schildchen konvex, glatt. Flügel gelblich. Im Vorderflügel Costa und Vorderrand der Subcosta gelb, Stigma dunkelbraun; Substigmalbinde braun, beim ♀ breit, bis zum unteren Flügelrand reichend, beim ♂ oft zu einem kleinen Substigmalfleck reduziert, 3. Cubitalkreuzvene gebogen.

Länge: 7–9 mm. Larve an Betula vorkommend.

Nord-, Mittel- und Westeuropa, Sibirien, Kamtschatka.

Sterictophora BILLBERG

Sterictophora BILLBERG, 1820; *Schizoceros* LEPELETIER, 1825; *Cyphona* DAHLBOM, 1835; *Sphaeophilus* PROVENCHER, 1888.

Bestimmungstabelle der Arten

1 Mindestens das Abdomen größtenteils orangefarben. 2

— Das Abdomen sowie der ganze übrige Körper bronzeschwarz, beim ♂ oft die Basaltergite am Hinterrand gelblich. **geminata** (GMELIN)

2 (1) Beine mehr oder weniger hell; Clypeus am Vorderrand deutlich ausgerandet. 3

— Beine stets ganz schwarz; Clypeus am Vorderrand abgestutzt. **nigripes** (KONOW)

3 (2) Vorder- und Mittelbeine orangefarben. **furcata** (VILLIERS)

— Vorder- und Mittelbeine hell bräunlichschwarz. **gastrica** (KLUG)

Sterictophora furcata (VILLIERS)

Tenthredo furcata VILLIERS, 1789: Linn. Ent., Bd. 3, p. 86; *rubi* ROSSI, 1790: Fauna Etrusca, Bd. 2, p. 31; *angelica* PANZER, 1799: Fauna Ins. Germ., Bd. 6, p. 64; *taraxaci* PANZER, 1806: Krit. Rev., Bd. 2, p. 24; *Cryptus villiersii* LEACH, 1817: Zool. Misc., Bd. 3, p. 124; *Schizocera inaequalis* BREMI, 1849: Ent. Zeit., Stettin, Bd. 10, p. 94; *henschi* KONOW, 1907; *bleusei* PIC, 1918: Échange, Bd. 33, p. 18.

Schwarz ohne Metallglanz, Oberlippe braun; Abdomen außer dem 1. oder dem 1. und 2. Basaltergit gelb. Beine gelb, meist Hüften, Trochanteren, Schenkelbasis und Basitarsus schwarz. Kopf und Thorax braun behaart. **furcata** (VILLIERS)

Beim ♀ Thorax, Abdomen und Beine orange, nur Mesosternum und Gruben des Metanotum schwarz. Flügel leicht getrübt; Kopf und Thorax grau behaart. Mitteleuropa. **furcata** var. **melanocephala** (PANZER)

Thorax, Abdomen und Beine orange; Mesonotum, Metanotum und Mesosternum schwarz; Flügel leicht getrübt. Kaukasus. **furcata** var. **media** (ENSLIN)

Supraclypealfeld dachförmig, ohne Kiel; Supraantennalfeld mit kleiner dreieckiger Grube; Postocellarfeld 2,5mal so breit wie lang; Fühler beim ♂ länger, beim ♀ kürzer als der Thorax; Kopf hinter den Augen beim ♀ schwach erweitert, beim ♂ schwach verengt; Schildchen an der Spitze etwas hochstehend; Mesopleuren glatt und glänzend, mit verstreuter Punktierung; Sägescheide an der Spitze klaffend. Sägevalve siehe Fig. 65. Flügel schwärzlich; im Vorderflügel das Stigma dunkelbraun, Zwischenraum zwischen Basalis und Cubitus weit.

Länge: 5–7,5 mm. Larve an Prunus spinosa.

Europa, Kleinasien, Transkaukasus, Iran, Mittelasien.

Sterictophora geminata (GMELIN)

Tenthredo geminata GMELIN, 1790: Linn. Syst. Nat., Bd. 1, p. 2668; *Hylotoma costata* FALLÉN, 1808: Svensk. Vet. Akad. Handl., Bd. 29, p. 45; *Cryptus pallipes* LEACH, 1817: Zool. Misc., Vol. 3, p. 125.

Schwarz mit Metallglanz; beim ♂ die Basaltergite meist mehr oder weniger gelb; Knie, Tibien und Tarsen hellbraun, Schienen in der Mitte meist mehr oder weniger verdunkelt. Clypeus meist abgestutzt; Supraclypealfeld in der Mitte gekielt, der Kiel dehnt sich bis zum basalen Supraclypealfeld aus, beim ♀ meist bis zum basalen Subantennalfeld; Postocellarfeld 2–2,5mal so breit wie lang; Kopf hinter den Augen verengt; Kopf und Thorax greis behaart; Schildchen in der Mitte etwas hochstehend; Mesopleuren grob punktiert, die Punktintervalle glänzend; Sägescheide mit dem Basalstück so lang wie die Vorderschenkel ohne Trochanteren; Hinterschenkel so lang wie die Hintertarse. Sägevalve siehe Fig. 67. Flügel ziemlich hell; im Vorderflügel Geäder und Stigma dunkelbraun, mit bräunlicher Substigmalbinde.

Länge: 6–7 mm. Larve an Rosa vorkommend.

Europa, Mittelasien, Sibirien, Kamtschatka.

Sterictophora gastrica (KLUG)

Hylotoma gastrica KLUG, 1812: Mag. Naturf. Ges. Berlin, Bd. 6, p. 304.

♀: Kopf, Thorax, Vorder- und Mittelbeine schwarz; Abdomen orangefarben; Hinterbeine einschließlich der Hinterhüften gelb, Hintertarsen verdunkelt. Clypeus flach ausgerandet; Frontalfeld so hoch wie das Postocellarfeld; Postocellarfeld ca. 2,5mal so breit wie lang; Fühler so lang wie die maximale Kopfbreite (1 mm), Oberkopf gelblich behaart; Kopf hinter den Augen parallel; Schildchen flach mit glatter Mitte; Hinterschienen so lang wie die Hinterschenkel mit den Trochanteren und so lang wie die Sägescheide einschließlich des Basalstückes; Basitarsus der Hintertarsen in der Länge des 2.–4. Tarsengliedes; Flügel leicht getrübt.

♂: Wie das ♀, aber Tegulae und Hinterecken des Pronotum hellbraun; Beine gelb, Hüften und Basis der Schenkel mehr oder weniger schwarz; Genitalplatte ungefähr so lang wie die Vorderschenkel; Fühler so lang wie bei *St. furcata* (VILLIERS). Sägevalve siehe Fig. 66.

Länge: 7,5 mm. Biologie unbekannt.

Spanien, Portugal.

Sterictophora nigripes (KONOW) (♂)

Schizoceros nigripes KONOW, 1899: Ent. Nachr., Bd. 25, p. 359.

Die Art gleicht *St. furcata* (VILLIERS): Folgende Unterschiede bestehen: Bei *furcata* sind die Fühler so lang wie im Vorderflügel die Costa; bei *nigripes* sind die Fühler jedoch nicht länger als bis zur Verdickung der Costa, weit entfernt vom Stigma. Der Endsporn der Hinterschiene ist bei *nigripes* so lang wie die Spitzenbreite derselben, bei *furcata* jedoch bedeutend länger. Ein weiteres abweichendes Merkmal bilden die schwarzbraunen Beine von *nigripes*, die bei *furcata* orangefarben sind.

Länge: 6 mm.

Syrien.

Der Typus wurde als Holotypus erkannt und ausgezeichnet (Institut für Pflanzenschutzforschung Eberswalde).

Pseudaprosthema GUSSAKOVSKIJ

GUSSAKOVSKIJ 1935: Fauna SSSR, Nov. Sér. 1, Ins. Hym., pp. 329+330.

Monotypische Gattung.

Pseudaprosthema barbara GUSSAKOVSKIJ (♂)

GUSSAKOVSKIJ 1935: Fauna SSSR, Nov. Sér. 1, pp. 329+330.

Schwarz, glänzend; Knie, Schienen und Tarsen bleich.

Clypeus am Vorderrand breit aber flach ausgerandet; Supraclypealfeld nicht gekielt; Supraantennalgrube klein, aber tief; Mitte konvex beiderseits der Furche; Postocellarfeld stark gewölbt, Ocellarfeld und Postocellarfeld durch eine Furche getrennt; Kopf hinter den Augen fast nicht verengt; Kopf und Thorax braun behaart; Schildchen mit ebener Fläche, an den Rändern nicht dicht runzlig punktiert. Flügel klar, Venen braun; im Vorderflügel Stigma, Costa und Subcosta grauweiß; 3. Cubitalzelle stark erweitert, 3. Cubitalkreuzvene gerade.

Länge: 4 mm. Das ♀ ist unbekannt.

Einem kleinen *Aprosthema*-♂ ähnlich, aber am Geäder des Hinterflügels sofort zu erkennen.

Algerien, 1 ♂ (DESBROCHERS, 1889).

Diese Art ist mir unbekannt.

Kokujewia KONOW

KONOW 1902: Rev. Russe Ent., Bd. 2, p. 2.

Monotypische Gattung.

Kokujewia ectrapela KONOW

KONOW 1902: Rev. Russe Ent., Bd. 2, pp. 2+3 (♀); KONOW 1907: Deut. Ent. Zeit., p. 490 (♂).

♀: Schwarz; rot sind: Pronotum und Mesonotum außer den Tegulae und dem Scutellum; Abdomen rot, die Mitte der Basaltergite mehr oder weniger schwarz, Sägescheide schwarz; Beine schwarz.

♂: Blauschwarz; rot sind: Hinterecken des Pronotum, Abdomen außer der Basis, Hinterrand des Hypopygium sowie die Genitalien.

Clypeus am Vorderrand flach ausgerandet; Supraclypealfeld wenig gewölbt; Interantennalfeld ohne Furche, aber gewölbt; beim ♂ Fühler so lang wie das Abdomen; Kopf hinter den Augen stark erweitert; Kopf schwarz behaart, Mesonotum gräulich behaart. Flügel bräunlich getrübt, mit Metallglanz.

Länge: 10–12 mm. Larve an Rumex.

Kaukasus: Nordossetien; Transkaukasus: Georgien, Aserbáidshan.

Ergänzung zu S. 50:
Prof. ZHELOCHOVTSEV ist am 23. September 1976 verstorben. In seinen letzten Arbeiten (1976, in: Forschungen zur Fauna der Sowjetunion, Sborn. trud. Zool. Mus. MGU, T. XV, pp. 21, 22, 99, 100) trennte ZHELOCHOVTSEV jedoch wieder *fuscipes* und *ustulata*, und in derselben Zeitschrift (p. 76) bei der Zusammenstellung der Symphyten der Umgebung von Magadan wird dann neben der Erwähnung von *ustulata* auch *fuscipes* als Synonym von *clavipes* (F.) erwähnt.

Anschrift des Autors:
W. H. Muche, DDR – 8142 Radeberg, Postfach 62.

Register

1. Gattungen

2. Infrasubspezifische Formen und Synonyme

3. Gültige Namen

Übersicht über die herausgegebenen Publikationen

Reichenbachia

Fachgebiet: Taxonomie (Neubeschreibungen, Revisionen und andere taxonomische Arbeiten mit geringem Umfang).

Tiergruppen: Insecta, Myriapoda, Arachnida.

Entomologische Abhandlungen

Fachgebiete: Taxonomie (Bestimmungstabellen, Monographien und andere taxonomische Arbeiten mit größerem Umfang), Phylogenie, Evolution, Morphologie, Anatomie, Biologie, Ökologie, Zoogeographie.

Tiergruppen: Insecta, Myriapoda, Arachnida.

Faunistische Abhandlungen

Fachgebiet: Faunistik. Diese Reihe dient auch zur Veröffentlichung faunistischer Kurzmitteilungen.

Tiergruppen: alle Gruppen mit Ausnahme der Protozoa.

Zoologische Abhandlungen

Fachgebiete: Taxonomie, Phylogenie, Evolution, Morphologie, Anatomie, Biologie, Ökologie, Zoogeographie.

Tiergruppen: Vertebrata; daneben Evertebrata mit Ausnahme der Insecta, Myriapoda, Arachnida, Mollusca und Protozoa.

Malakologische Abhandlungen

Fachgebiete: Taxonomie, Phylogenie, Evolution, Morphologie, Anatomie, Biologie, Ökologie, Zoogeographie.

Tiergruppe: Mollusca.

Übersicht über die erschienenen Publikationen

Nach 1945 erschienen folgende Bände:

Abhandlungen und Berichte aus dem Staatlichen Museum für Tierkunde in Dresden

Bände 21 (1953) – 25 (1960)
(Band 21 ist vergriffen).

Ab 1961 wurden die „Abhandlungen und Berichte aus dem Staatlichen Museum für Tierkunde in Dresden" in zwei Reihen unterteilt:

Entomologische Abhandlungen

Ab Band 26 (1961–1962) ff.
Zu den Bänden 36, 37, 39 und 40 erschienen Supplementbände.

Zoologische Abhandlungen

Ab Band 26 (1961–1964) ff.
Ab Band 26 ohne Insecta, ab Band 27 ohne Mollusca.
(Bände 26–29 sind vergriffen).

Im Zeitraum von 1962–1964 wurden zusätzlich die folgenden Reihen neu eingerichtet:

Reichenbachia

Ab Band 1 (1962–1963) ff.

Faunistische Abhandlungen

Ab Band 1 (1963–1966) ff.

Malakologische Abhandlungen

Ab Band 1 (1964–1967) ff.

Alle genannten Reihen erscheinen fortlaufend, jedoch zwanglos und ohne feste Bindung an das Kalenderjahr.

III-9-16 Jt 1943/75 10 T. (30045/9)

MIX
Papier | Fördert gute Waldnutzung
FSC® C083411

Zeitfracht Medien GmbH
Ferdinand-Jühlke-Straße 7
99095 Erfurt, Deutschland
produktsicherheit@kolibri360.de